RPAツールで
業務改善！

UiPath
ユーアイパス
入門
アプリ操作編
●UiPath Community Edition (2019) 対応●

Excel
Word
PDF
Mail
Browser
OCR
CSV
activity
designer
property
sequence
flow chart

sample
program for
DOWN
LOAD

小笠原種高・浅居尚 著
UiPath株式会社 監修

秀和システム

■本書の前提

　本書の執筆／編集にあたり、下記のソフトウェアを使用いたしました。

・UiPath Studio Version 2019.10.2

　上記ソフトウェアを、Windows 10上で動作させています。よって、Windowsのほかのバージョンを使用されている場合、掲載されている画面表示と違うことがありますが、操作手順については、問題なく進めることができます。

■注意

(1) 本書は著者が独自に調査した結果を出版したものです。
(2) 本書は内容に万全を期して作成しましたが、万一、ご不審な点や誤り、記載漏れなどお気づきの点がありましたら、お手数をおかけしますが出版元まで書面にてご連絡ください。
(3) 本書の内容に関して運用した結果の影響については、上記にかかわらず責任を負いかねますので、あらかじめご了承ください。
(4) 本書およびソフトウェアの内容に関しては、将来、予告なしに変更されることがあります。
(5) 本書の例に登場する名前、データ等は特に明記しない限り、架空のものです。
(6) 本書およびソフトウェアの一部または全部を出版元から文書による許諾を得ずに複製することは禁じられています。

■商標

(1) Microsoft、Windowsの各ロゴは、米国および他の国における Microsoft Corporation の商標または登録商標です。
(2) その他、社名および商品名、システム名称などは、一般に各社の商標または登録商標です。
(3) 本文中では、©マーク、®マーク、™マークは省略し、また一般に使われている通称を用いている場合があります。

はじめに

　本書『RPAツールで業務改善！ UiPath入門 アプリ操作編』は、国内外で人気のRPAツール「UiPath」を使ったプログラミングの基礎と、業務に関わるロボットの作り方を解説した本です。操作手順と、概念について丁寧に説明しています。

　プログラミングと聞くと、「難しい」と感じる方もいらっしゃるかもしれません。しかし、UiPathでのプログラミングは、難しいものではありません。1つの動作を指示する「アクティビティ」をドラッグ＆ドロップで組み合わせていくだけです。
　プログラミング経験のない方でも、簡単に組んでいけますから、そこは安心してください。

　現在、RPAは流行のキーワードから、取り入れるべき課題に変化しつつあります。なぜなら、日本国内も世界もネットワークでつながることによって、求められる業務のスピードが速くなり、どこもかしこもてんてこ舞いで人手が足りないからです。
　しかし、人手は急に増えるものではありません。かと言って、そのまま少ない人数で無理に業務を行っていると誰かが倒れてしまいます。そこで、すぐに増やせる労働力として、デジタルレイバー（デジタルな労働者）が必要とされています。

　RPAは、UiPathのようなRPAツールを入れて終わりではありません。ツールを使って、業務を簡単にし、皆さんの働き方を改善していかなければ、RPAとは言えないのです。もちろん、すぐにバリバリとツールを使って大改革するのは難しいことですから、まずは本書のサンプルを作りながら慣れていきましょう。

　なお、本書は、同じ秀和システムから発行されている『RPAツールで業務改善！ UiPath入門 基本編』の続編として執筆されたものです。もし、UiPathを使うのが初めての方は、基本編から読み進めると、より理解が深まるでしょう。

　UiPathは、使いこなせるようになると、任せられるの業務の幅が広がります。ぜひ楽しみながら、身につけてください。

小笠原種高・浅居尚

Contents

Chapter 1　UiPathの基本操作を覚えよう　　13

Chapter 2　プログラミングしてみよう　　41

Chapter 3　アクティビティパッケージを使ってみよう　　85

Chapter 4　ExcelとWordの操作を自動化してみよう　99

Chapter 5　PDFの操作を自動化してみよう　129

Column目次

●登場キャラクター

わんわん先生

この道35年のベテランプログラマー。パソコン黎明期から開発しているので、設計からインフラまですべてをこなす。客先対応はちょっと苦手だが、朴訥とした人柄が後輩には慕われている。好きな食べ物はホウレン草のおひたし。

最近は、体力的にきつくなってきたので、プログラミングより、サーバーの準備や保守の方が気楽で良いなと思っているが、ついつい頼られると炎上案件を手伝ってしまう毎日。

瀬戸君

外食産業で5年間働いた後、興味のあったIT関連の会社に転職。プログラミングはほとんどわからないが、持ち前の几帳面さでSE業務に奮闘中。

永遠に続くガントチャートの変更作業に、若干へこんでいるが、新しい技術を習得することが楽しくなってきたお年頃。

業務で何か困った時には、わんわん先生に聞けばすべて解決すると思っているが、あながち間違いでもない。

●サンプルプログラムのダウンロード

本書で使用しているいくつかのプログラムは、秀和システムのホームページからダウンロードすることができます。以下の方法でデータをダウンロードしてください。

また、サンプルプログラムの使い方は、302ページをご参照ください。

❶ Webブラウザーで本書のサポートサイト（https://www.shuwasystem.co.jp/support/7980html/5941.html）に接続します。

嫩秀和システム

RPAツールで業務改善！UiPath入門 アプリ操作編

本書には、以下のサポートがあります。

▣ ダウンロード・・・サンプルファイルなどのダウンロード

☒ 閉じる

ダウンロード

以下をクリックすると、ダウンロードが始まります。

サンプルファイルのダウンロード	
一括ダウンロード	UiPath_Appli_Sample.zip ⬇ ダウンロード

※クリックしてもダウンロードが始まらないときは、右クリックして「対象をファイルに保存」で実行して下さい。

※ダウンロードがうまくいかない場合、他のブラウザでの操作もお試し下さい。

※データは圧縮形式になっています。解凍がうまくいかない場合は下記をご参照下さい。

🗁 圧縮ファイルの解凍方法について

▲上に戻る

❷［ダウンロード］ボタンをクリックして、ダウンロードします。

サンプルファイルのダウンロード	
一括ダウンロード	UiPath_Appli_Sample.zip ⬇ ダウンロード

※クリックしてもダウンロードが始まらないときは、右クリックして「対象をファイルに保存」で実行して下さい。

※ダウンロードがうまくいかない場合、他のブラウザでの操作もお試し下さい。

※データは圧縮形式になっています。解凍がうまくいかない場合は下記をご参照下さい。

🗁 圧縮ファイルの解凍方法について

> **■注意**
>
> ダウンロードできるデータは著作権法により保護されており、個人の練習目的のためにのみ使用できます。著作者の許可なくネットワークなどへの配布はできません。
> また、ホームページ内の内容やデザインは予告なく変更されることがあります。

12

UiPathの基本操作を覚えよう

1 RPAとは何か

RPAって、何に使えばいいのでしょうか？

RPAは、システムやマクロなどと手作業を
うまくつなぐものですよ！

皆さんは、RPAという言葉を聞いたことがあるでしょうか？　RPAは働き方改革のカギになる
と言われ、デスクワークの業務をロボットに代行させる考え方です。

●ロボットがあなたの時間を作ってくれる

　RPAは、Robotic Process Automation（ロボティック・プロセス・オートメーション）の略で、主に
「デスクワークの業務を**ロボット**に代行させ、効率化を図る」という考え方です。働き方改革のカギになると
とも言われています。

　ロボットと言っても、RPAは鉄人28号や、ドラえもんのような人型やネコ型のロボットではありません。
RPAで作業を代わりにやってくれるロボットは、デジタルレイバー※とも呼ばれるコンピュータープログラ
ム※です。

　RPAのロボットは、高度な判断や経験を要する複雑な仕事はできません。しかし、単純作業や繰り返し作
業のような仕事や、手順が決まっている仕事に関しては「ミスなく」「速く」「休憩せず」に実行することがで
きます。特に「速く」という意味では、人間とは比べものにならないスピードで処理します。

　RPAのロボットはパソコン上で動くプログラムですから、パソコンで処理するような仕事は得意です。
Webブラウザーで検索した結果をWordやExcelにまとめたり、複数のWordやExcelファイルから新しい
ファイルを作成することもできます。Officeスイート製品だけでなく、ほかのアプリケーションや自社で独
自に開発した業務システムなども操作することができます。

　RPAの導入は簡単です。RPAツールをインストールし、ロボットへの命令を作成します。ロボットは
Excelのマクロに似ていて、最初に「処理の内容」を登録し、使う時にはそれを実行するだけです。

※ **デジタルレイバー**　Digital Laborは、要は「デジタルな労働者」という意味です。
※ **コンピュータープログラム**　パソコン上で動くようなRPAを厳密には、RDA（Robotic Desktop Automation）と言い
　　ます。

つまり、使う側の人は、使う条件と実行方法さえ知っておけばいいのです。

RPAのロボットは人型をしていない

●システムやマクロを操作しよう

このような話をすると、普通のシステムやExcelのマクロでいいのではないかと思われる方も多いかもしれませんが、そんなことはありません。

簡単に言えば、RPAとそれらは競合するものではなく、協力し合うためのものです。つまり、役割が違うのです。

計算や処理など、複雑なことをさせる場合、システムや既存のソフトウェアは機能も多く、優秀です。RPAは、こうしたシステムやソフトウェアに成り代わるものではありません。前述したように書いたとおり、複雑なことは、まだまだ得意ではないのです。

むしろ、ソフトウェアを使う人間の側になりかわって、これらを「操作するもの」であると、考えるとわかりやすいでしょう。

RPAは、あまり詳しくない人でもロボットを作成・操作できます。ソフトを自動化して使いやすくしたいケースや、システムを発注するほどではないけれど不便を解消したい場合など、「ちょっとした悩み」を手軽に解決し、人間をサポートしてくれるのがRPAなのです。

UiPathの概要

UiPathの特徴について教えてください。

UiPathは使いやすく、導入実績も多い
RPAツールです！

RPAツールとしてオススメなのがUiPathです。UiPathは、多機能であるのに加え、本書で解説するCommunity Editionは無償で使用できます。

●初心者でも使いやすいUiPath

　本書で解説する**UiPath**（ユーアイパス）は、世界中でユーザーが急増している人気のRPAツールです。

　UiPathでは、実行させたい命令を**アクティビティ**という「ブロック状の1つの固まり」にして記録します。複数のアクティビティをマウスで動かして組み合わせることでプログラムを作成・調整できるため、特に専門的なプログラミングの知識を必要としません。

　また、一部の動作は**レコーディング機能**が用意されているため、UiPathに実行させたい操作を人間が実際にやってみせるだけで、プログラムを作成できます。

　さらに、UiPathは海外で生まれたRPAツールですが、操作画面はすべて日本語化されており、他社のRPAツールに較べて日本語のマニュアルやサポートなども充実し、ユーザー同士のコミュニケーションサイトも開設されています。

　簡単な作業から非常に複雑で高度な作業まで対応できるのも魅力の1つです。

　マイクロソフト社のOfficeスイート製品に対応しているのはもちろんのこと、Javaなどで開発されたアプリケーションや汎用機エミュレータなどの操作もできます。

　また、デスクトップ型とサーバー型の両モデルが用意されており、中小企業でも手軽に導入できる数台の規模から、1,000台以上の大規模なロボットの稼働まで幅広く対応できます。もちろん、個人で使う場合もいろいろ便利です。

さらに、代表的なAI（例えば、アイビーエム社のWatson、グーグル社のCloud Machine Learningなど）や手書きOCR*などとの連携も可能です。そのため、導入する企業も多く、2019年10月時点で国内1,300社以上、世界3,700社以上で導入されています。

●2つのエディション

UiPathには、次の2つのエディションが用意されています。

UiPath Community Edition

個人や小規模法人向けのエディションです。本書で解説するのは、このCommunity Editionです。いくつかの制約はありますが、無償で使用でき、制限期限もなく、導入に最適です。

Community Editionには、UiPath StudioとUiPath Robotの両方がパッケージされています。

UiPath Enterprise RPA Platform

エンタープライズ向けの大規模なRPA利用を想定した商用製品です。エンタープライズ向けとは、250台以上の端末・ユーザー数、もしくは年間500万米ドル以上の売り上げを有する組織を想定しています。そのため、試験的に導入したり、小規模に使用する場合は、Community Editionのほうが良いでしょう。

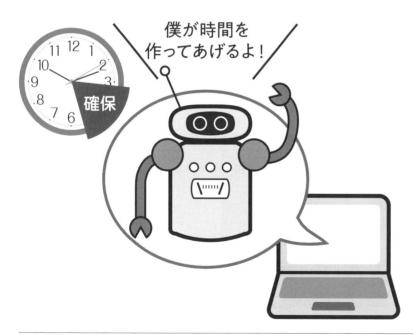

ロボットがあなたの仕事を楽にする

* OCR　Optical Character Readerの略。手書き文字や印刷物を読み取り、電子テキスト化する装置のこと。

3 UiPath Community Editionのインストール

UiPathは、どこから入手したら良いですか？

UiPathの公式サイトからダウンロードできます！

UiPathは、公式サイトからダウンロードできます。ダウンロード時やアクティベーションを行う時にメールアドレスが必要となりますから、用意しておきましょう。

●Community Editionのダウンロード

　UiPath Community Editionのダウンロードは、公式サイトの［トライアルの開始］ボタンから行います。ダウンロード時やアクティベーションを行う時に、メールアドレスが必要となりますから、ご用意ください。
　なお、すでにUiPathをインストールされている方は、本節を飛ばしても問題ありません。

❶公式サイトのトライアルページを開く

次ページに記した UiPath日本のWeb サイトにアクセスし、［トライアルの開始］をクリックします

▼ UiPath日本のURL

https://www.uipath.com/ja/

❷利用登録ページを開く

UiPath Enterprise RPA Platform

大規模なRPA利用に対応した商用製品

無償で商用トライアルを始める

UiPath Community Edition

個人ユーザー、エンタープライズ**、
その他の法人***が利用可能な無償製品

COMMUNITY EDITIONを使用する

[COMMUNITY EDITIONを使用する] を
クリックして利用登録ページに移動します

❸利用登録する

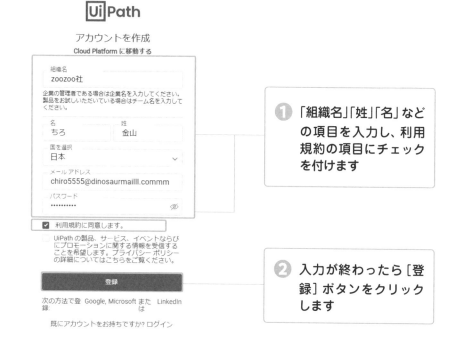

Ui Path

アカウントを作成
Cloud Platform に移動する

組織名
zoozoo社

企業の管理者である場合は企業名を入力してください。
製品をお試しいただいている場合はチーム名を入力して
ください。

名   姓
ちろ   金山

国を選択
日本

メールアドレス
chiro5555@dinosaurmailll.commm

パスワード
・・・・・・・・・・

☑ 利用規約に同意します。

☐ UiPath の製品、サービス、イベントならび
にプロモーションに関する情報を受信する
ことを希望します。プライバシー ポリシー
の詳細についてはこちらをご覧ください。

登録

次の方法で登   Google, Microsoft また   LinkedIn
録: は

既にアカウントをお持ちですか? ログイン

❶ 「組織名」「姓」「名」など
の項目を入力し、利用
規約の項目にチェック
を付けます

❷ 入力が終わったら [登
録] ボタンをクリック
します

❹確認画面が表示される

Ui|Path

✓

メールの確認が保留中です

確認メールを送信しました。メールの指示
に従ってアカウントにログインしてくださ
い。

メールを再送

メールはすでに確認済　こちらをクリックしてく
みです　　　　　　ださい

別のメール アドレスで登録

> メールが送信されるので、
> メールを確認します

❺メールの認証を行う

Ui|Path

メール アドレスを確認してください

こんにちは。

UiPath へようこそ。メール アドレスを確認してください。

メール アドレスを確認

ご利用ありがとうございます。

UiPath チーム一同より

www.UiPath.com

> 登録したメールアドレスに、確認
> メールが送られるので、メールの
> 中の[メールアドレスを確認]ボタ
> ンをクリックして認証を行います

> メールが届かない場合は、
> 迷惑メールを確認しましょう

⑥ユーザーページが開く

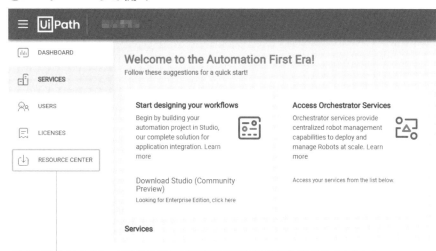

ユーザーページが開くので、自分のページであることを確認し、左カラムの [RESOURCE CENTER] をクリックします

⑦ダウンロードする

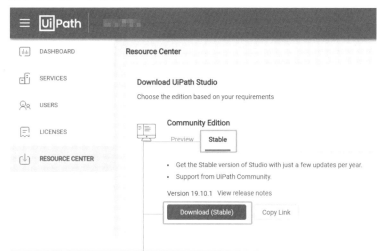

Community Editionの [Stable] タブを選択し、[Download (Stable)] をクリックしてダウンロードします。ダウンロード先は、デスクトップなど、自分がわかりやすい場所でかまいません

●Community Editionのインストール

UiPath Community Editionをインストールします。

❶インストールする

ダウンロードした [UiPathStudioSetup.exe]
ファイルをダブルクリックで起動し、インストー
ルを開始します

❷セキュリティの警告

セキュリティの警告が表示されるので、
[実行] ボタンをクリックします

❸インストールができた

UiPathのロゴが表示され、インストールが
終わると、UiPath Studio が表示されます

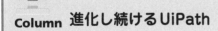

Column 進化し続けるUiPath

　UiPathは、日々進化し続けるソフトウェアです。ユーザーからのフィードバックをもとに、どんどん便利になっています。そのため、一部の画面が変わっているかもしれませんが、わかりやすいように案内されているので、画面の内容をよく読んで進めましょう。

4 UiPathの基本操作

UiPathの使い方について教えてください

まずは、UiPathの3つのリボンについて押さえましょう！

UiPathは、リボンやパネルによって構成されています。まずはそれぞれの画面について学んでいきましょう

●UiPath Studioの起動

　インストールが成功していると、Windowsのスタートメニューに、**UiPath Studio**および**UiPath Robot**のショートカットが作成されているのがわかります。

▼スタートメニュー

ショートカットが作成されます

ここからクリックして起動します。ロボットの作成を行う［UiPath Studio］をクリックして起動してください。

スタートメニューからの起動が面倒であれば、スタートメニューにピン留めしたり、デスクトップにショートカットを作るとよいでしょう。

アクティベーションした直後であれば、すでに起動されています。

●UiPath Studioの3つのリボン

UiPath Studioは、次の3つのリボンで構成されています。**ホームリボン**、**デザインリボン**、**実行リボン**です。

❶ホームリボン

❷デザインリボン

❸実行リボン

　UiPath Studioの起動直後は、**ホームリボン**が表示されます。**デザインリボン**および**実行リボン**は、プロジェクトを作るまで見ることはできないので、後から確認しましょう。

　本書では以降、ホームリボンの画面を**バックステージ画面**、デザインリボンおよび実行リボンの表示される画面を**編集画面**と呼んで進めることにします。

Office と同じような画面なので、親しみがありますね

リボンやパネルは、タブで切り替えられます。いろいろ触ってみましょう！

●バックステージ画面（ホームリボン）

UiPathを起動すると、最初に表示されるのが**バックステージ画面**です。

プロジェクトの新規作成や、最近作業を行ったプロジェクトが表示されます。

ほかに、TFS*やSVN*に関わる機能、UI Explorer*の起動、拡張機能の管理、各種設定、ヘルプへのアクセスなどもここから行います。要はプロジェクトの管理や、ソフトウェア全体に関わる管理などを行うページです。

編集画面への移動ボタンは、プロジェクトを開いていないと表示されません。プロジェクトを開くと、自動的に編集画面に切り替わります。

●バックステージ画面の構成

バックステージ画面は、プロジェクトの新規作成や、最近作成したプロジェクト一覧などで構成されています。

▼バックステージ画面

＊**TFS**　Team Foundation Serverの略。マイクロソフト社のソースコード管理システム。
＊**SVN**　Subversionの略。オープンソースのソースコード管理システム。
＊**UI Explorer**　UiPathにおいて、画面上のボタンやテキストボックスなどの要素を特定するウィンドウ画面。

❶切り替えタブ

編集画面やチームタブ、ツールタブ、設定タブ、ヘルプタブに切り替えます。

▼切り替えタブ

メニュー	機能
⬅	編集画面との切り替えを行う。プロジェクトが開かれていない場合は、ボタン自体が表示されない
開く	プロジェクトを開く
閉じる	プロジェクトを閉じる
スタート	プロジェクトを新規作成する
チーム	チーム開発に関連する内容がまとめられたタブ。TFSやSVNに関わる機能がある
ツール	UI Explorerの起動、ブラウザーやJava用拡張機能を管理する
設定	各種設定をする
ヘルプ	製品ドキュメントやコミュニティフォーラムなどのヘルプ機能がまとめられている

❷開く

既存のプロジェクトを開きます。

▼開く

ツール	機能
ローカルプロジェクトを開く	移動して既存のプロジェクトを開く
複製またはチェックアウト	ソースコントロールリポジトリ（保管場所）から開く

❸新規プロジェクト

プロジェクトの新規作成や、コンポーネントをライブラリとして書き出せます。

▼新規プロジェクト

ツール	機能
プロセス	プロジェクトの新規作成を行う
ライブラリ	コンポーネントを作成し、ライブラリとしてまとめる

❹テンプレートから新規作成

よく使うテンプレートが用意されており、これらを改造してプロジェクトを作成できます。

❺最近使用したファイルを開く

最近使用したプロジェクトが一覧として表示されます。クリックすると開けます。

UiPathの画面構成

いろいろな機能があって、頼もしいですね

UiPathの機能は、次々と進化しているので、気になるものは使ってみましょう！

UiPathで最もよく使うのがデザインリボンです。各機能についてよく理解しておきましょう。

●編集画面（デザインリボン/実行リボン）

　プロジェクトを開くと表示されるのが、**編集画面**です。UiPath Studioにおけるほとんどの作業をこの画面で行います。**デザインリボン**もしくは、**実行リボン**を開くと表示されます。

　デザインリボンは、ワークフローの作成に関わるツールが集まっているリボンです。中でも**デザイナーパネル**は、言わば油絵のキャンバスのようなもので、ワークフローの内容が表示される場所です。ワークフローの作成や調整もここで行います。

　デザイナーパネルのほかに、プロジェクトのデザインに必要なプロジェクトパネル群、プロパティパネル群が用意されています。

　実行リボンは、ワークフローの実行に関わるツールが集まっているリボンです。デバッグ*しやすいように、実行速度を調整できます。

●デザインリボンの構成

　プロジェクトを組んだり、実行したりする場合などには、編集画面を使用します。

＊**デバッグ**　プログラムのバグ（誤り）を取り除くこと。

▼編集画面

❶デザインリボン

デザインリボンには、次のような機能があります。

▼デザインリボンの機能

ツール	機能
新規	ワークフローを新規に作成する
保存	ワークフローを保存する
テンプレートとして保存	テンプレートとして保存する
ファイルをデバッグ	ワークフローを実行する
切り取り	アクティビティを切り取る
コピー	アクティビティをコピーする
貼り付け	アクティビティを貼り付ける
パッケージを管理	クリックすると、パッケージ管理ウィンドウが開き、このプロジェクトで使用するアクティビティパッケージを管理できる
レコーディング	各種レコーディング方法に対応したレコーディングコントローラーを起動する
画面スクレイピング	画面に表示されている内容をテキストとして取得する
データスクレイピング	箇条書きや表などの「構造化されたデータ※」を取得する

※ **構造化されたデータ** 行や列など、繰り返し構造をとるデータのこと。

ユーザーイベント	あらかじめ設定したユーザーイベントをトリガー*として実行する
UI Explorer	UI Explorerを起動する
未使用の変数を削除	未使用の変数を削除する
Excelにエクスポート	Excelにエクスポートする
パブリッシュ	作成したプロジェクトをUiPath Robotで実行できるように変換する

❷プロジェクトパネル群

　左カラムの**プロジェクトパネル**、**アクティビティパネル**、**スニペットパネル**が表示される箇所です。主に、プロジェクト作成時によく使用するパネル群です。どのパネルもパネル内の情報を検索できます。

　これらのパネルは、隠してしまったり、フローティングすることもできます。

　パネルの切り替えは、下のタブで行いますが、［自動的に隠す］をオンにしている場合は、左側に切り替えタブが表示されます。

　右カラムのプロパティパネル群とドッキングさせることもできます。

● プロジェクトパネル

　プロジェクトを構成するファイルを管理します。

▼プロジェクトパネル

※**トリガー**　キーボードのショートカットキーが押されたときなどに、ワークフローを実行する機能。

アクティビティパネル

現在のプロジェクトで使用できる**アクティビティ**が表示されます。ここに表示されるアクティビティは、デザイナーパネルにドラッグ＆ドロップして使用できます。

▼アクティビティパネル

スニペットパネル

よく使う**スニペット**（一連のワークフローのサンプル）が含まれています。ここに表示されるスニペットは、デザイナーパネルにドラッグ＆ドロップして使用できます。

▼スニペットパネル

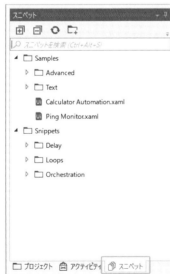

❸デザイナーパネル

画面の中央にあり、作成するワークフローが表示されます。下のタブで、変数、引数、インポートタブの切り替えを行います。

▼デザイナーパネル

❹プロパティパネル群

右カラムにある**プロパティパネル**、**概要パネル**が表示される箇所です。主に、プロジェクトの調整時によく使用するパネル群です。

これらのパネルは、隠してしまったり、フローティングすることもできます。

パネルの切り替えは下のタブで行いますが、［自動的に隠す］をオンにしている場合は、右側に切り替えタブが表示されます。

左カラムのプロジェクトパネル群とドッキングさせることもできます。

●プロパティパネル

選択したアクティビティの**プロパティ**（特性や設定内容）が表示されるパネルです。アクティビティの調整や修正も行えます。

▼プロパティパネル

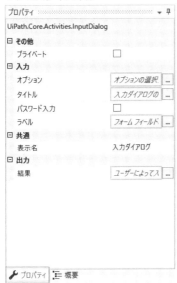

概要パネル（Outline）

ワークフローの概要が表示されます。デザイナーパネルに表示されているアクティビティの見出しだけを並べたようなものです。クリックすると、該当のアクティビティへ移動できます。

▼概要パネル

●実行リボンの構成

編集画面上部でタブをクリックすると、実行リボンに切り替えられます。実行リボンは、ワークフローの実行に関わるツールが集まっているリボンです。

デバッグしやすいように、実行速度を調整できます。

▼実行リボン

実行リボンには、次のような機能があります。

▼実行リボンの機能

No.	ツール	機能
①	ファイルをデバッグ	ファイル単位でデバッグする（F6キー）
②	ファイルを実行	ファイル単位で実行する（Ctrl+F6キー）
③	デバッグ	デバッグ画面に切り替える。デバッグ画面では、左カラムは ローカルパネル、右カラムは出力パネルとなり、デザイナーパネルは読み取り専用になる（F5キー）
④	実行	ワークフローを実行する（Ctrl+F5キー）
⑤	停止	ワークフローの実行を停止する（F12キー）
⑥	ステップイン	アクティビティの中身に入り込んで実行する（F11キー）
⑦	ステップオーバー	アクティビティを実行する（F10キー）
⑧	ステップアウト	コンテナ単位で実行をスキップする（Shift+F11キー）
⑨	再試行	アクティビティを再実行する
⑩	無視	例外を無視して実行する
⑪	再開	一時停止した実行を再開する
⑫	フォーカス	エラーが発生したポイントに戻る
⑬	ブレークポイント	ブレークポイント*を操作する
⑭	ブレークポイントの切り替え	ブレークポイントを切り替える
⑮	ブレークポイントパネルを表示	ブレークポイントパネルを表示する
⑯	低速ステップ	デバッグ用に実行速度を変更できる。速度は、ボタンをクリックするたびに切り替わり、1倍速から4倍速の4段階が用意されている
⑰	要素のハイライト	要素のハイライト*ができる
⑱	アクティビティをログ	出力パネルにTraceログとして表示する
⑲	ログを開く	ログを開く

＊**ブレークポイント**　実行中に一時停止させたい場所のこと。
＊**ハイライト**　目立たせること。

6 プロジェクトの作成

 UiPathでは、最初を何をすればいいのでしょうか？

まずプロジェクトを作成します！

UiPathでは、プロジェクトを作成してワークフローを組んで行きます。ワークフローは視覚的に組めるため、非常に簡単です。

●一連の動作をまとめて管理するのがプロジェクト

UiPathを使うにあたり、重要な用語となってくるのが**プロジェクト**です。

UiPathでは、**アクティビティ（個々の動作）**を組み合わせて、**ワークフロー（連続した動作）**を作り、プロジェクト（1つの仕事）にします。

プロジェクトを作成するには、プロセスの新規作成を行い、その後、ワークフローを組みます。

プロセスの
新規作成

ワークフローを
組む

実行と調整

プロジェクト作成の流れ

たとえば、あなたがWebサイトから、指定した内容を、Wordにコピー＆ペースト（コピペ）したいとします。一口に「WebサイトからWordにコピー＆ペースト」と言っても、以下の3つの動作で組み合わされています。

❶**該当箇所の範囲指定**
❷**コピー**
❸**Wordへの貼り付け**

❶の範囲指定から❸の貼り付けまでの一続きの作業を、UiPathでは、**ワークフロー**と呼びます。そして、❶範囲指定、❷コピー、❸貼り付けなど、個々の動作がアクティビティです。

「WebサイトからWordにコピペする作業」という作業全体のことを**オートメーションプロジェクト**（略称：プロジェクト）と言います。つまり、「1つの仕事＝プロジェクト」ということです。

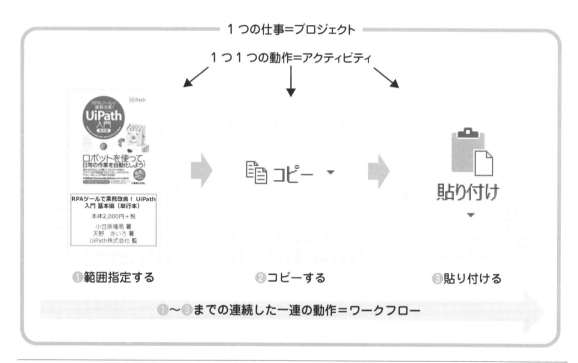

❶～❸までの連続した一連の動作＝ワークフロー

●ワークフローの組み方

UiPathで、ワークフローを組む方法は、3つあります。

ワークフローの組み方は3種類

❶自動レコーディング

　UiPathには、自動でワークフローを組む機能があります。自動レコーディングは、［レコーディング］ボタンをクリックして、記録したい動作を行えば、それがそのままワークフローとなります。

　ただし、すべての動作がレコーディングできるわけではないので、対応してないものは、手動レコーディングやプログラミングと組み合わせることになります。

自動レコーディングの流れ

❷手動レコーディング

　手動レコーディングは、ソフトウェアの起動など、いくつかの動作があらかじめ用意されており、ボタンをクリックするだけで、それがワークフローに組み込まれます。

手動レコーディングの流れ

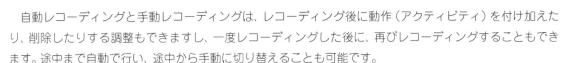

　自動レコーディングと手動レコーディングは、レコーディング後に動作（アクティビティ）を付け加えたり、削除したりする調整もできますし、一度レコーディングした後に、再びレコーディングすることもできます。途中まで自動で行い、途中から手動に切り替えることも可能です。

❸プログラミング

　プログラミングと言っても、コードをガリガリ書かなくてもよく、あらかじめて記録しておいた動作（アクティビティ）をブロックのように組み合わせることで、プログラミングできます。

●プロジェクトを作る

実際に、プロジェクトを作成してみましょう。

❶プロセスの新規作成

> UiPath Studioを起動し、[新規プロジェクト]の[プロセス]をクリックします

❷プロジェクトの名前と保存場所を入力する

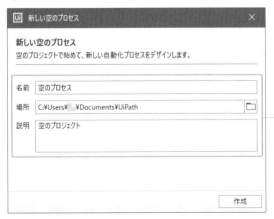

> 新しい空のプロセスダイアログが開くので、名前とファイルの保存場所を指定します。ここではプロセスの名前を「test001」、場所はデフォルトのまま、説明は「テスト」とします

▼プロジェクトの名前と保存場所

名前	場所	説明
test001	デフォルト値 (C:¥Users¥ユーザー名¥Documents¥UiPath)	テスト

❸新規プロジェクトが作成される

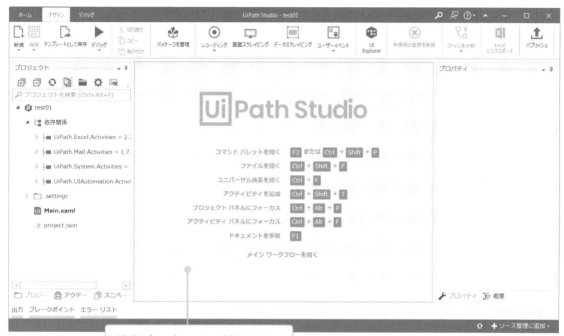

新規プロジェクトが作成され、
編集画面が開きます

　新規プロジェクトは、作成できましたか？　このプロジェクトは、そのまま次節でも使いますが、休憩したい場合は、UiPath Studioを終了させてしまってもかまいません。

　なお、バージョンによって、このままプログラミングを始められる場合と、ワークフローの追加が必要な場合があります。

　アクティビティがドラッグ＆ドロップできない時には、48ページを参考に「シーケンス」や「フローチャート」をドラッグ＆ドロップしてください。本書では、特に記載していない場合は、シーケンスを使っています。

プログラミング
してみよう

1 プログラミングとは何か

プログラミングでいろんなロボットを作り
たいです

ドラッグ＆ドロップで簡単に作れるので、
慣れるまでたくさん挑戦してみてください！

UiPath ではプロジェクトを作るのに、プログラミングで作る方法と、レコーディングで作る方法があります。レコーディングは簡単ですが、プログラミングのほうがより複雑に組めます。

●プログラミングとレコーディングの違い

プログラミングでは、アクティビティを1つずつ選択し、並べ替えてワークフローを作成していきます。

レコーディングは簡単ですが、できないことがあったり、作りにくいタイプのプロジェクトがあります。

一方、プログラミングは、自分でアクティビティを選択できるため、自由度が高く、より高度なプロジェクトを作ることができます。

2つの方法を組み合わせることもできますから、上手く使い分けてワークフローを作成するとよいでしょう。

レコーディング？　　プログラミング？

●プログラミングでできること

レコーディングでは、ユーザーが操作した内容しか記録することはできません。

一方、プログラミングであれば、ExcelやWordの細かい操作をはじめ、用意されたアクティビティの内容を組み込むことができます。

また、レコーディングの場合、同じ操作を繰り返そうと思えば、同じ回数だけやってみせる必要がありますが、プログラミングでは、繰り返しを設定するだけで済みます。

分岐もプログラミングの特徴の1つでしょう。「もし、○○だったら」と、場合によって、操作を変えることもできます。

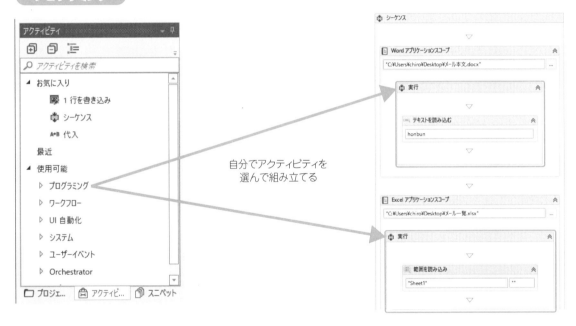

UiPathのプログラミング

●アクティビティパネルとプロパティパネル

プログラミングでは、アクティビティパネルからドラッグ＆ドロップでアクティビティを中央のデザイナーパネルに取り出して並べます。

並べたアクティビティの細かい設定値などは、プロパティパネルで調整します。

❶ アクティビティパネル

アクティビティパネルは、アクティビティの本棚のようなものです。左カラムにあり、使用するアクティビティをここから取り出します。

❷ プロパティパネル

プロパティパネルは、アクティビティに関する設定を行うのに使用します。右カラムにあります。

アクティビティパネルとプロパティパネル

●アクティビティパネルの使い方

アクティビティパネルは、左カラムのプロジェクトパネルが表示されている箇所を、タブで切り替えて使用します。

アクティビティは、パネルから選択し、ドラッグ&ドロップで入力します。

アクティビティは、カテゴリーごとに分かれていますが、300種類以上あるので、探すのは大変です。

本書では、分類を覚えてもらうため、基本的にカテゴリーから選択する方法を取りますが、自分で操作する場合は、検索を上手く使う方が簡単でしょう。

検索は日本語に対応していますが、表示されない場合は、英語やカタカナ表記も試してみてください。

●プロパティパネルの使い方

　プロパティパネルは、右カラムにあります。もし、表示されていなければ、タブで切り替えてください。

　プロパティパネルでは、アクティビティの設定を行います。

　何も選択していない状態の時は、現在、デザイナーパネルで開いているワークフローのプロパティが表示され、表示名が変更できます。

　設定したいアクティビティを左クリックで選択すると、選択されたアクティビティのプロパティが表示されます。

　別のアクティビティをクリックすれば、プロパティも切り替わります。

アクティビティ内の入力欄に入力する内容は、プロパティパネルにも表示されます。

たとえば、画面上の［メッセージボックス］の入力欄であれば、プロパティパネルの［テキスト］の項目に表示されます。

●文字列とダブルクォーテーション

アクティビティの入力欄やプロパティに、**文字列**を使用したい場合は、半角英数の「"」（ダブルクォーテーション）で囲みます。

これは、そのまま入力すると、プログラムの一部だとUiPathが勘違いしてしまうためです。後述する**変数**（59ページを参照）の場合は、プログラムの一部なので、囲みません。

文字列の場合

"三葉虫"　"Smilodon"

文字列として使う場合は、
「"」（ダブルクォーテーション）でくくる

変数の場合

hensuu01

変数の場合は、プログラムの
一種なのでくくらない

文字列とダブルクォーテーション

●ワークフローの種類

UiPathでは、複数の**ワークフロータイプ**が用意されています。

ワークフロータイプとは、要は「アクティビティの並べ方」です。通常、アクティビティは、順番に処理されていきます。ワークフロータイプによって、アクティビティの並べ方の自由度が変わるため、ワークフローによっては繰り返したり、分岐したりするような処理を作りやすくなります。

アクティビティは順番に処理されます

どのようなワークフローを作るかによって選択しますが、最初のうちは、シンプルなワークフローである**シーケンス**を使用すればよいでしょう。シーケンスは、複数のアクティビティを直線的に実行するワークフローです。

ワークフローをファイルとして新規作成するには、デザインリボンの[新規]をクリックして、タイプを指定します。また、ワークフローを既存のワークフローの中に配置するには、配置したいタイプのワークフローのアクティビティをドラッグ＆ドロップします。

ワークフローの種類
・シーケンス
・フローチャート
・ステートマシン
・グローバルハンドラー

種類は4つありますよ!

[新規] ボタンから作成できます

メインワークフローをクリックします

シーケンスは [制御] からも選択できます

プログラミングを始めるには、必ずワークフローが必要です。[メインワークフローを開く] で作成できます。
　ワークフローの種類を指定したい場合は [新規] ボタン、もしくはアクティビティパネルの [制御] から追加します。

シーケンス

シーケンスは、上から下へ直線的にアクティビティを実行していくワークフローです。
シンプルでわかりやすいので、最初はこのタイプを使っていくとよいでしょう。

フローチャート

フローチャートは、アクティビティ同士の順番を自由に設定できます。特に、繰り返したり、分岐させるような処理に向いています。

シーケンスをまとめてフローチャートに組み込むこともできるので、慣れてきたら、フローチャートで複雑な処理を組むとよいでしょう。

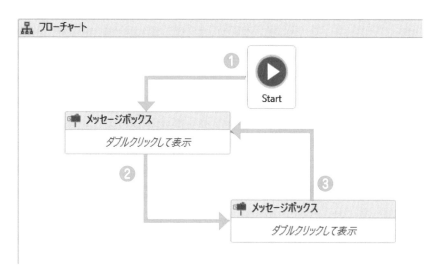

ステートマシン

　ステートマシンは、複雑かつ、特殊なワークフローです。トランジション のあるフローチャートを考えるとわかりやすいでしょう。

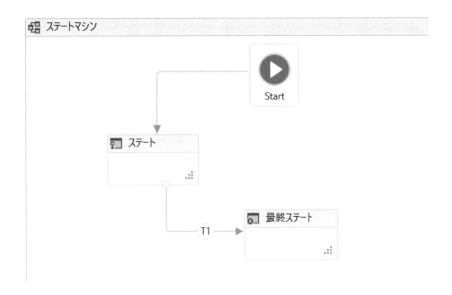

グローバルハンドラー

　グローバルハンドラーは、実行エラーが発生した場合に、エラー処理を行うワークフローです。プロジェクトに含まれるワークフローファイルのうち、1つだけをグローバルハンドラーにできます。

　ワークフローをグローバルハンドラーにするには、プロジェクトパネルでワークフローファイルを右クリックして、[グローバルハンドラーとして設定] をクリックします。

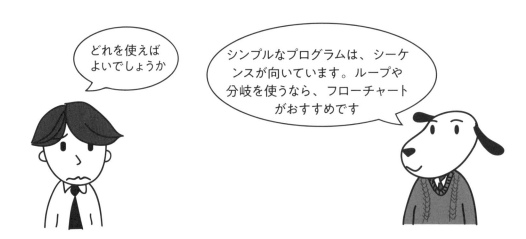

※**トランジション**　処理前、処理後、決済済み、完了などの状態を持つ処理フローのこと。

●アクティビティの入れ替え

アクティビティの順番は、簡単に入れ替えられます。該当のアクティビティをクリックし、ドラッグすると移動できます。これにより、実行する順番が変更されます。

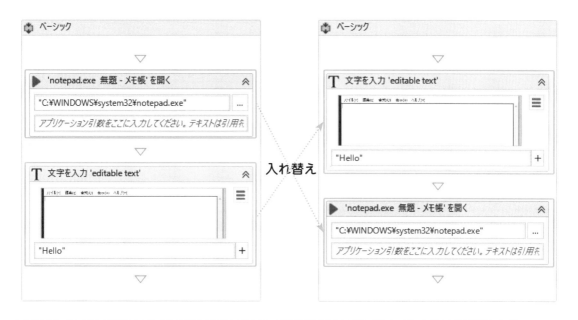

アクティビティは入れ替えられる

●参考スクリーンショットの変更と削除（オプションメニュー）

アクティビティの中にある処理内容を示す画像の**参考スクリーンショット**も変更・削除できます。[オプションメニュー] をクリックし、メニューから選択できます。

●アクティビティのコピーや削除（コンテキストメニュー）

アクティビティのコピーや削除は、該当のアクティビティやワークフロー上で右クリックすると選択できます。

アクティビティを選択した状態で、Delete キーを押すことでも削除できます。

2 メッセージボックスの表示

メッセージボックスって、言葉が表示され
るアレですね

そうです。入力欄がある場合は、入力ダイ
アログと言います。どちらも、基本的なも
のなので、まずはやってみましょう！

プログラミングの最初として、メッセージボックスを表示してみましょう。もし、基本編を習熟
済であれば、この項目は飛ばしてしまってかまいません。

●メッセージボックスと入力ダイアログ

　パソコンを操作している時に、メッセージが表示されることがあります。これを**メッセージボックス**と言
います。ダイアログボックスには、入力欄のあるタイプもあります。こちらは**入力ダイアログ**（入力ボック
ス）と呼びます。

　それぞれのボックスの中に表示される内容には、名称があります。プログラミングする時に、これらを指
定するので、覚えておきましょう。

　また、下の図では [OK] ボタンになっていますが、このボタンも [OK] と [キャンセル]、[はい] と [いい
え] の選択肢も選べるようになっています。

▼メッセージボックス

キャプション

テキスト

メッセージボックスと
入力ダイアログは
別のものなんですよね

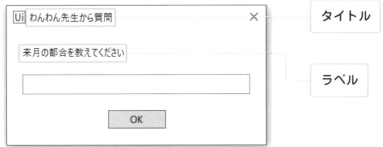

●メッセージボックスを表示してみよう

メッセージボックスを表示するプログラムを作成してみましょう。

実行すると「こんにちは」というメッセージが表示されるだけのシンプルなプロジェクトです。

▼やりたいことと実際の操作

やりたいこと	実際の操作
挨拶をする	➡挨拶をするメッセージボックスを出す

使用するアクティビティ

メッセージボックス（MessageBox）…システム➡ダイアログ➡メッセージボックス

アクティビティは、検索でも探すことができます。メッセージボックスは「メッセージ」と検索すると、表示されます。

●アクティビティに設定する内容

メッセージボックスアクティビティでは、［キャプション］と［テキスト］を設定します。
キャプションは、ダイアログのタイトルです。テキストは、表示する内容です。

▼アクティビティに設定する内容

項目	設定内容
キャプション	"あいさつ"
テキスト	"こんにちは"

●プロジェクトを作る

　メッセージボックスを表示するプロジェクトを作ってみましょう。まず、事前準備として、空のプロセスを作成し、編集画面を開いておきます。プロセス名は、［02メッセージ］とします。ワークフローは、48ページを参考にシーケンスをドラッグ＆ドロップしておいてください。

▼プロジェクトの名前と保存場所

名前	場所	説明
［02メッセージ］	デフォルト値 (C:¥Users¥ユーザー名¥Documents¥UiPath)	メッセージボックスを出す

❶アクティビティパネルを表示する

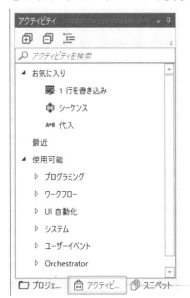

左カラム下方にある切り替えタブで、アクティビティパネルを表示させます

Chapter
2

❷ アクティビティを選択する

アクティビティパネル内の［使用可能］カテゴリーから［システム］を選択し、［ダイアログ］の中の［メッセージボックス］を見つけます

❸［メッセージボックス］アクティビティをドラッグ＆ドロップする

❶ ［メッセージボックス］アクティビティをデザイナーパネルにドラッグ＆ドロップします。すると、シーケンス枠と共に入力ダイアログのアクティビティが表示されます

❷ ［テキストは引用符で囲む必要があります］と書かれた入力欄をクリックします

❹［メッセージボックス］の中身を設定する

入力欄に表示したいテキスト「"こんにちは"」を入力します。その場合、「"（ダブルクォーテーション）」でくくるのを忘れないでください

⑤メッセージボックスのキャプションを指定する

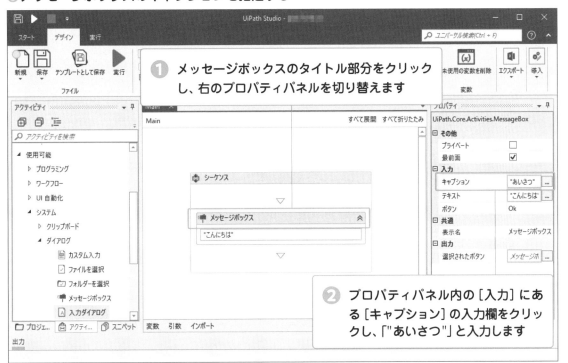

❶ メッセージボックスのタイトル部分をクリックし、右のプロパティパネルを切り替えます

❷ プロパティパネル内の［入力］にある［キャプション］の入力欄をクリックし、「"あいさつ"」と入力します

⑥プロジェクトができる

エラーが表示されないこと（下のコラムを参照）を確認したら、プロジェクトの完成なので、もう一度ワークフローを見直します

⑦プロジェクトを保存して、実行する

❷ ［ファイルをデバッグ］ ➡ ［実行］ボタンをクリックします

❶ デザインリボンの［保存］をクリックし、プロジェクトを保存します

プロジェクトができたら、［ファイルをデバッグ］の下の［▼］をクリックして［実行］ボタンをクリックしてみましょう。「こんにちは」というメッセージが表示されたら成功です。［OK］ボタンをクリックしてください。

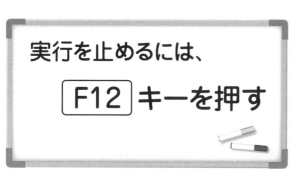

パソコンのスペックによっては、実行に時間がかかることがあります

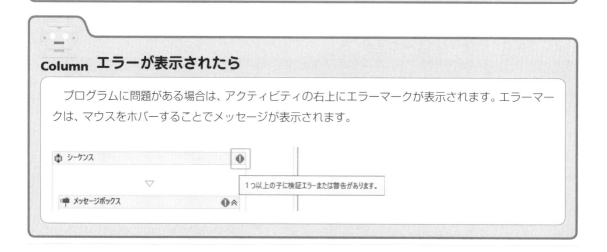

Column うまくいかない時は①

　エラーが表示される場合は、文字を「"（ダブルクォーテーション）」でくくったかどうかを確認してください。

Column エラーが表示されたら

　プログラムに問題がある場合は、アクティビティの右上にエラーマークが表示されます。エラーマークは、マウスをホバーすることでメッセージが表示されます。

プログラミングの基礎①
変数

3

変数は、ちょっと難しいです

概念をつかむまで、少し難しいかもしれません。最初のうちは、手順に従ってやってみてください。だんだんわかってくるので大丈夫です！

プログラミングでは、いくつか覚えておいたほうがよい概念があります。その最たるものが変数です。変数を使いこなせば、できることの幅が大きく広がります。

●変数の概要

UiPathでは、**変数**を使用できます。変数とは、箱のようなもので、値（文字列や数字）を格納できます。

これは、どのような時に活躍するかと言うと、例えば、5人に同じメールを出したい時に、わざわざ「わんわん様」「瀬戸様」「にゃごろう様」……と全員の名前を宛名に書くのは面倒なものです。そこで宛名を「○○様」と変数にして、リストの上から自動的に入るようにすれば、楽ちんです。

宛名だけでなく、メールアドレスも変数にしたくなりますね。その時に「○○様」「メールアドレス○○」では、どちらが名前でどちらがメールアドレスかわからなくなってしまうので、「○○様」「メールアドレス☆☆」のように、別々にします。このような「○○」や「☆☆」を「変数名」と言います。

変数を使う場合は必ず、どのような変数名を使い、どのような値を入れるのかを設定します。

「こんにちは! ○○さん」

「メールアドレス☆☆」

○○や☆☆の部分が
変数だよ

変数は値を入れる箱のようなもの

変数は、様々な場面で必要になります。先に書いた宛名の例のように「○○様」の中身が変わるケースの場合はもちろんのこと、「現在の時刻を取得して、それを変数に入れる」「特定の内容を計算して、その計算結果を変数に入れる」など、何か計算したり取得したりした値を一時的に入れて、便利に扱う時にも使います。

●変数の使い方

変数を使うには、まず変数を作らねばなりません。

UiPathでは、項目の入力欄上で Ctrl + K キーを押すと、「名前の設定：」が表示されます。ここに変数の名前を入力することで、変数が作られます。

変数を作る

なお、**変数名**は、一般的に半角英数の文字列を使いますが、UiPathでは**日本語**の文字列を使うことができます。たとえば、「ユーザー名」「時間」などの名前を持つ変数を作成することができます。

●変数の型とスコープ

作成した変数は、デザイナーパネル下部にある［変数］タブに一覧として表示されます。変数には、**データ型**と**スコープ**があります。

●変数のデータ型

「どのような種類の値」を変数にするかを規定するものです。文字列を意味するStringや、万能型のGenericValue ※などがありますが、最初のうちは難しいので、変数を作った時のそのままのデータ型を使用してかまいません。

●変数のスコープと既定値

変数のスコープは、その変数が通用する範囲のことです。たとえば、スコープがシーケンスとなっている

※ **GenericValue** GenericValueはUiPath固有のデータ型です。テキスト、数値、日付、配列といった種類のデータを格納することができます。

と、このシーケンスのアクティビティ内でしかその変数は通用しません。ほかのアクティビティでも使用したい場合は、範囲を広げる必要があります。既定値は、初期値のことです。

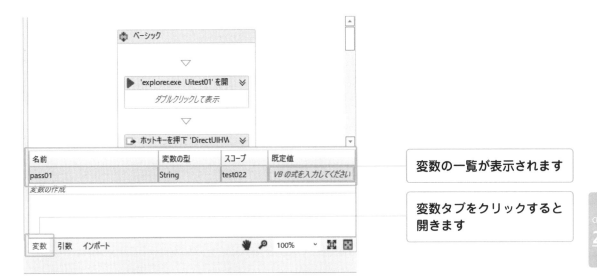

変数の一覧が表示されます

変数タブをクリックすると開きます

●入力と出力

アクティビティによっては、**入力**や**出力**を設定できます。

●入力
入力とは、アクティビティに値を渡すものです。2-2節でも「こんにちは」と入力しましたね。

●出力
出力は、そのアクティビティによって得た値を、ほかのアクティビティに渡します。

　この入出力と変数を上手く組み合わせると、ユーザーが入力したデータを加工したり編集したりして別の処理に使うことができます。

入力された値をほかのアクティビティへ渡す

変数名は、「"」（ダブルクォーテーション）でくくりません。そのまま使います。

「こんにちは」と変数を続けて書きたい場合は、「"こんにちは"＋変数名」のように、「＋」（プラス記号）で接続し、変数以外の文言は「"」でくくります。

" こんにちは "　　＋　　変数名　　　変数名は「"」でくくらない

プラス記号で接続する

●変数を使ってみよう

今回は、前回のワークフローに入力ダイアログを追加し、変数を使ったプロジェクトを作ってみましょう。

入力ダイアログで、ユーザーに名前を尋ね、名前が入力されたら、その情報を変数に入れて「こんにちは！○○さん」と名前を組み込んだメッセージに改造します。

①名前を聞く入力ダイアログを表示する

②挨拶をするメッセージ
　ボックスを表示する

▼やりたいことと実際の操作

やりたいこと	実際の操作
①名前を聞く	➡ 名前を問う入力ダイアログを表示する
②挨拶をする	➡ 挨拶をするメッセージボックスを表示する

　入力された名前をいったん変数に入れ、メッセージボックスに受け渡すには、入力ダイアログの［出力］項目で変数を作り、メッセージボックスの［入力］項目にその変数を組み込みます。変数の名前は、「お名前の値」としましょう。

変数を使ってメッセージボックスに名前を表示する

▼作成する変数

変数の種類	変数名
名前を格納する	お名前の値

●使用するアクティビティ

入力ダイアログ（InputDialog）…システム➡ダイアログ➡入力ダイアログ

●プロジェクトを作る

事前準備として、2-2節で作成したメッセージボックスを表示するプロジェクトを開いておきます。
メッセージボックスの前に入力ダイアログを追加し、変数を設定します。

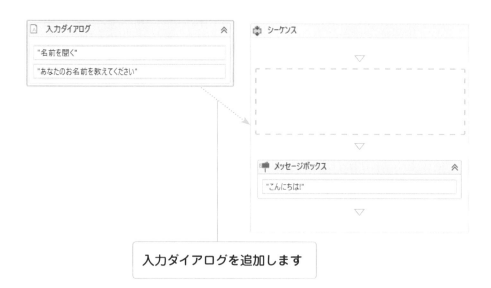

入力ダイアログを追加します

❶アクティビティダイアログを選択する

アクティビティパネル内の［使用可能］カテゴリーから［システム］を選択し、［ダイアログ］の中の［入力ダイアログ］を選択します

❷ ［入力ダイアログ］アクティビティをドラッグ＆ドロップする

❶ ［入力ダイアログ］アクティビティをデザイナーパネルの［メッセージボックス］の上にドラッグ＆ドロップします

❷ 入力ダイアログのアクティビティがシーケンス内に作成されます

❸ ［入力ダイアログ］の中身を設定する

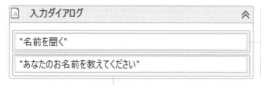

❶ ［タイトル。テキストは引用符で囲む必要があります］と書かれた入力欄に、「"名前を聞く"」と入力します（「"」を忘れないでください）

❷ ［ラベル。テキストは引用符で囲む必要があります］と書かれた入力欄に、「"あなたのお名前を教えてください"」と入力します

❹ ［入力ダイアログ］を選択する

入力ダイアログをクリックし、右のプロパティパネルを切り替えます

⑤［入力ダイアログ］の出力先を指定する

プロパティパネル内の［出力］にある［結果］の入力欄の上で Ctrl + K キーを同時に押すと、「名前の設定：」と表示されるので、「お名前の値」を入力します

⑥［メッセージボックス］での入力を設定する

メッセージボックスの入力欄をクリックし、「"こんにちは"」に対し、「＋」と、先ほど作った変数名「お名前の値」、「＋"さん"」と入力します（プロパティパネルの［入力］で設定しても大丈夫です）

⑦ プロジェクトができる

エラーが表示されないこと（58ページのコラムを参照）を確認したら、プロジェクトの完成なので、もう一度ワークフローを見直します

⑧プロジェクトを保存して実行する

❷ [ファイルをデバッグ] ➡ [実行]
ボタンをクリックします

❶ 編集画面の [保存] をクリックし、
プロジェクトを保存します

プロジェクトができたら、実行してみましょう。名前を聞かれたら答えてください。ダイアログが表示されたら成功です。[OK] ボタンをクリックしてください。

うまくいかない時は、[実行] ボタンではなく、
[ファイルをデバッグ] ボタンをクリックして、
どこでつまずいているのか確認してみましょう

Column うまくいかない時は②

　間違えた場所にドラッグ＆ドロップした時は、マウスでもう一度ドラッグ＆ドロップすると上下の位置を動かせます。

　変数は Ctrl + K キーで「名前の設定」と表示されてから入力します。この操作をせずに、「お名前の値」とだけ入力するとエラーになるので注意してください。

4 プログラミングの基礎② 代入

代入を使うと便利そうですね

変数は、代入と一緒に使うことも多いです。うまく使いこなせるとできることの幅が広がりますよ！

変数がわかったら、今度は代入に挑戦してみましょう。代入と変数を使うことで、複雑なデータや計算するデータなども扱いやすくなります。

●代入の概要

　プログラムで何かの値を扱う場合に、その値が複雑かつ冗長で扱いにくいこともあります。その場合、特定の変数にすべてを入れてしまうと使いやすくなります。これが**代入**です。

　簡単に言えば、「今日、東京でフレディ・マーキュリーとブライアン・メイとロジャー・テイラーとジョン・ディーコンを見たよ」と話すと長いのですが、「今日、東京で、Queenのメンバーを見たよ」であれば、短くなります。これは4人の名前をバンドの名前に代入しているのです。

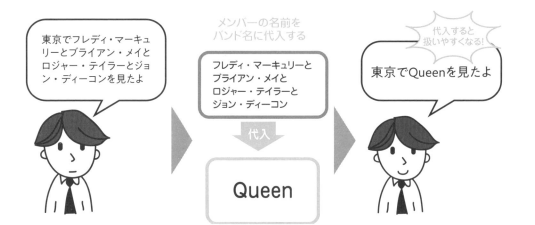

代入すると、わかりやすくなる

●代入の使い方

代入アクティビティを使うには、**左辺**に「入れられる側」、**右辺**に「式」を入れます。

Queenの例で言えば、左辺が「Queen」、右辺にバンドメンバーの名前です。代入アクティビティは、ワークフロー➡制御➡代入から使用します。

代入アクティビティは、左辺(To)に変数、右辺(value)に式を入れます。

左辺(To):変数を入れる
側(入れられる側)です

右辺(value):式を入れる
側(中に入れる側)です

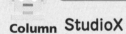
Column StudioX

UiPath Studio Community Preview (19.10-beta.111)から、StudioXという機能が使えるようになりました。従来のStudioの「ライセンスとプロファイル」から切り替えられます。

StudioXとは、機能をシンプルに絞り、Excelやファイル、メール(Outlook)などの操作を強化したStudioで、エンジニアではない人がより簡単にUiPathを使えるように考えられたものです。

StudioXでは、アプリケーションスコープの代わりに「カード」で操作対象を指定し、アクティビティを組みます。また、Studioでは変数や構文を使用する必要のあったものが、簡単に指定できるようになっています。

手軽に作りたいのであれば、StudioX、凝ったことをしたいのであればStudioを使っていくと良いでしょう。

本書の執筆時(2019年12月)では、StudioとStudioXの互換性はないため、用途に応じて切り替えて使用しましょう。

プログラミングの基礎③ 条件分岐

5

条件によって、実行内容を変えたいと思ってました

日常でも「雨だったら傘を持っていく」「会えたら渡す」など無意識に使っている概念です。プログラミングでも大活躍ですよ！

条件分岐は、特定の条件によって、次に行うことを変える方法です。今回学ぶ内容は、単純なものですが、慣れてきたらほかのものと組み合わせたり、複数の条件分岐を使うとよいでしょう。

●条件分岐の概要

　条件分岐とは、例えば「Yes」と「No」で、表示するものを変えたり、特定の条件の時だけ違う処理をするなど、プログラムの処理を分けることを言います。

　条件分岐アクティビティでは、**Condition**、**Then**、**Else**の設定をします。

　Conditionは「条件」、Thenは「条件通りの場合に行う処理」、Elseは「条件と異なった場合に行う処理」を入れます。

```
          Condition（条件）
         ┌──────────┴──────────┐
Then（条件通りの場合の処理）   Else（条件と違う場合の処理）
```

分岐でプログラムの処理を分ける

●条件分岐を使ってみよう

2-3節で作ったプログラムをさらに改造して、分岐させてみましょう。実は、今あるプログラムは、2-3節で入力ダイアログを追加したものの、ユーザーが名前を入力せずに [OK] ボタンをクリックしてもプログラムは実行されてしまうのです！

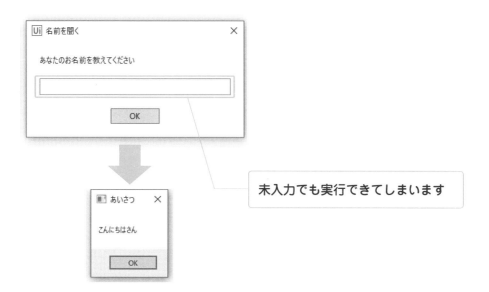

未入力でも実行できてしまいます

この状態を防ぐために、入力された場合は「通常の処理」、未入力の場合は「エラー表示」にします。

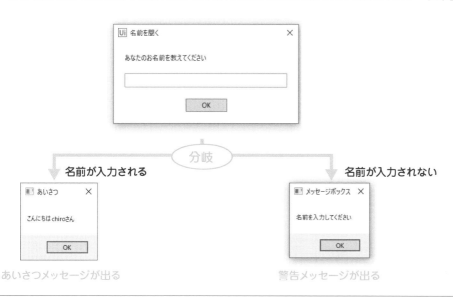

名前が入力される
あいさつメッセージが出る

名前が入力されない
警告メッセージが出る

名前の入力で処理が分岐される

やりたいこと	実際の動作
入力の場合と未入力の場合で動作を変える	条件分岐させる
入力の場合は、挨拶を表示する	Thenを設定する
未入力の場合は、警告を表示する	Elseを設定する

● 使用するアクティビティ

条件分岐（If）…ワークフロー ➡ コントロール ➡ 条件分岐（検索ワード「条件分岐」）

● 条件分岐アクティビティに設定する内容

　前述したように、Conditionには条件、Thenには条件通りの場合に行う処理、Elseには条件と異なった場合に行う処理を入れます。ただ、「名前を入力したら」という条件をつけるのは難しいので、「未入力の場合に、エラーを表示する」という条件にします。

　名前を入れる変数は「お名前の値」でしたね。ですから、未入力は「お名前の値」が空の時、つまり「お名前の値=""」と表記します。

}入力されたら変数「お名前の値」に格納する

お名前の値="" ならば未入力を表す

「この部分が入力されていたら」という条件は難しい。
「この部分が未入力なら」という条件にする。

「この部分が未入力なら」という条件にする

　Thenは、Condition（条件）の通りなら実行する内容なので、エラーを表示します。Elseは、「Conditionとは違う」ということなので、通常の処理をします。

▼各項目の設定内容

項目	設定内容
Condition	お名前の値=""
Then	"名前を入力してください"
Else	2-3節で追加した「"こんにちは"+お名前の値+"さん"」のメッセージボックス

●プロジェクトを作る

事前準備として2-3節で作成したメッセージボックスを表示するプロジェクトを開いておきましょう。

❶［条件分岐］アクティビティをドラッグ＆ドロップする

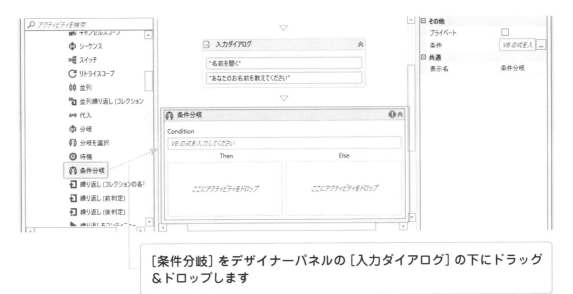

[条件分岐] をデザイナーパネルの［入力ダイアログ］の下にドラッグ＆ドロップします

❷［条件分岐］の条件式を入力する

[Condition] の入力箇所に条件式「お名前の値＝""」を入力します

Chapter
2

③ [メッセージボックス] アクティビティをドラッグ＆ドロップする

[Else] の箇所にすでに作ってある [メッセージボックス]
アクティビティをドラッグ＆ドロップして移動します

④ 新しい [メッセージボックス] アクティビティを設定する

② 「"名前を入力してください"」と入力します

① [Then] の下の部分にアクティビティパネルのシステム➡
ダイアログ➡メッセージボックスから、新しい [メッセー
ジボックス] アクティビティをドラッグ＆ドロップします

⑤ プロジェクトができる

エラーが表示されないこと
を確認したら、プロジェク
トの完成なので、もう一度
ワークフローを見直します

❻プロジェクトを保存して、実行する

① 編集画面の［保存］をクリックし、プロジェクトを保存します

② ［ファイルをデバッグ］→［実行］ボタンをクリックします

プロジェクトができたら、実行してみましょう。

名前が聞かれたら空欄のまま［OK］ボタンをクリックしてください。「名前を入力してください」というダイアログが表示されたら成功です。［OK］ボタンをクリックしてください。

名前を入力した場合は、通常通り実行されます。こちらも確認してみましょう。

未入力のまま［OK］ボタンをクリックする

エラーメッセージが表示される

6 プログラミングの基礎④ ループ

ループって何でしょう？

要は繰り返しのことです。例えば、3回同じことをしたい場合に、3回分を書くのは大変ですが、ループなら、「3回繰り返せ」と命令するだけです！

ループは、簡単に言えば「繰り返すこと」です。ループこそ、プログラミングの最大のメリットと言っても過言ではありません。ループの設定と条件分岐をうまく使えば、ほとんどの業務を落とし込みやすくなります。

●ループの概要

　前の2-5節で、分岐するプログラムを作りましたが、少し疑問に思われた方もいらっしゃるかもしれません。入力された場合と、未入力の場合で処理が分岐するのは良いのですが、未入力の場合は、エラーメッセージが表示されるだけで、そのままプロジェクトが終了してしまいます。これでは何だか不親切な感じがします。エラーを表示した後に、もう一度名前を入力するメッセージボックスを表示したいところですね。

　そこで今回、使用するのが**ループ**です。ループとは特定の条件において、決められた処理を繰り返すことを言います。UiPathでは、ループは決めたアクティビティを繰り返すことです。繰り返すアクティビティは、1つとは限りません。一連の流れをまとめて繰り返すこともできます。

後輩くんが手動で繰り返してよ！

えっ、RPAの意味がないですよね？

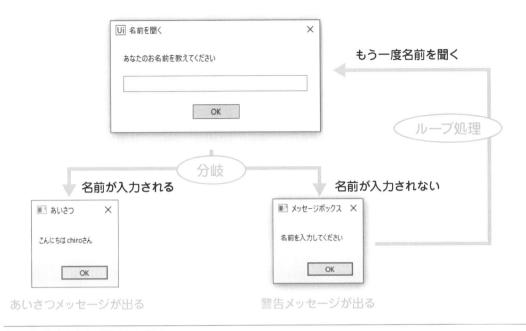

あいさつメッセージが出る　　　　　　警告メッセージが出る

ループで決められた処理を繰り返す

●ループを使ってみよう

2-5節で作成したプロジェクトを引き続き、改造していきます。前の節で作成したプログラムにさらにループを追加します。

もし、エラーメッセージが表示された場合には、もう一度名前を問うメッセージボックスを表示することにしましょう。

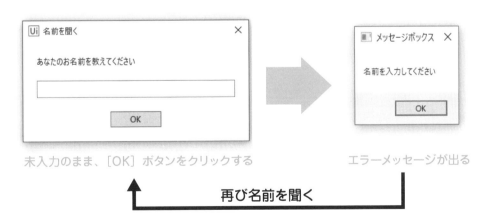

未入力のまま、[OK] ボタンをクリックする　　　　エラーメッセージが出る

再び名前を聞く

名前を聞くメッセージボックスを再び表示する

▼やりたいことと実際の動作

やりたいこと	実際の動作
エラーを表示した後にもう一度名前を聞く	ループさせる

使用するアクティビティ

繰り返し（後判定）（Do While）…ワークフロー ➡ コントロール ➡ 繰り返し（後判定）（検索ワード「繰り返し」）

繰り返しアクティビティに設定する内容

繰り返しアクティビティでは、**Body**と**Condition**の設定をします。

▼各項目の設定内容

項目	設定内容
Body	入力ダイアログおよび条件分岐アクティビティ
Condition	お名前の値=""

●プロジェクトを作る

事前準備として、2-5節で作成したメッセージボックスを表示するプロジェクトを開いておきます。

❶ ［繰り返し（後判定）］アクティビティをドラッグ＆ドロップする

［繰り返し（後判定）］をデザイナーパネルの［入力ダイアログ］の上にドラッグ＆ドロップします

❷ ［繰り返し（後判定）］の条件式を入力する

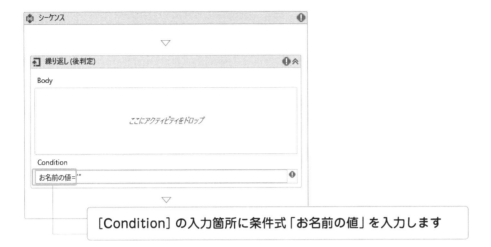

［Condition］の入力箇所に条件式「お名前の値」を入力します

❸ ［入力ダイアログ］と［条件分岐］アクティビティをドラッグ＆ドロップする

［Body］の入力箇所に、シーケンスごと［入力ダイアログ］と［条件分岐］アクティビティをドラッグ＆ドロップして移動します

❹ プロジェクトができる

> エラーが表示されていないことを確認したら、プロジェクトの
> 完成なので、もう一度ワークフローを見直します

❺ プロジェクトを保存して、実行する

② [ファイルをデバッグ] ➡ [実行]
ボタンをクリックします

① デザインリボンの [保存] をクリックし、
プロジェクトを保存します

プロジェクトができたら、実行してみましょう。名前が聞かれたら空欄のまま、[OK] ボタンをクリックしてください。エラーが表示されたら、さらに [OK] ボタンをクリックすると、もう一度名前を聞かれます。

　名前を入力した場合は、通常通り実行されます。こちらも確認してみましょう。

Column　処理を止める

　今回のループは大丈夫かと思いますが、自分で考えたワークフローを実行する場合に、ワーフローが終わらずにずっとループしてしまうことがあるかもしれません。

　[F12] キーや、[ストップ] ボタンがあるものの、実行中は上手くいかない可能性もあるので、「止める仕組み」を組み込んでおくべきでしょう。

Column　ベテランとUiPathのタッグチーム

　業務の自動化は、働く人たちの負担を軽減しますが、その一方で、「誰かの仕事を奪うのではないか」と不安になる人がいます。また「俺には俺のやり方がある！！」と、自動化を嫌がる人もいるでしょう。

　このような考え方の人には、社内で勉強会を開くなどして、UiPathやRPAについてよく知ってもらい、地道に誤解を解いていくしかないのです。

　今の日本では、人の余っている会社はほとんどありません。むしろ足りない会社ばかりです。人口は逆ピラミッド型なのですから、会社から定年退職する人は多くても、新卒でたくさんは入ってこないからです。

　ですから、業務も一人の人間ができる範疇を超えた量であるケースも多く、こうしたあふれた分は、積極的にUiPathに手伝ってもらいましょう。

　そして、手伝ってもらう場合に、強い戦力となるのが、事務作業の速いベテラン社員です。

　「作業の速い人」は、作業のことをよく知っています。手を動かすのが速いという面もありますが、それ以上に作業のことを知っているので、効率的に動くことができるのです。デジタルレイバーへの命令を作成するためには、効率的に作業を分解するという考え方が大変重要になってきます。

　一見、UiPathを導入することが、そうした業務を得意とする人と対立するように思えるかもしれませんが、むしろ逆です。

　そうした人とはガッツリ、タッグを組んでやっていくと良いでしょう。

プログラミングの基礎⑤ フローチャート

フローチャートは、今まで使っていたものよりプログラミングっぽいですね

シーケンスは上からの順番であるのに比べ、フローチャートは順番を指定できます。入れ子になりにくいので、改造も楽になりますよ！

今まで、シーケンスを使ってきましたが、フローチャートを使えるようになると、条件分岐やループが簡単に設定できるようになります。また、一見してわかりやすくなります。

●フローチャートの概要

　これまでプログラミングを行う際には、シーケンスを使ってきましたが、**フローチャート**を使えると、条件分岐やループ処理をもっと簡単にできます。フローチャートは、ワークフローの種類の1つです（忘れてしまっている場合は、2-1節を確認してください）。

　シーケンスは、アクティビティをドラッグ＆ドロップした時に自動的に追加される最もスタンダードなワークフローの種類です。上から順番に並べたアクティビティを処理するスタイルのため、シンプルでわかりやすく、手軽にアクティビティを追加できる利点があります。

　一方、フローチャートは、処理するアクティビティの順番を**矢印**で指定できます。そのため、見た目が上に位置するアクティビティが先に処理されるとは限りません。必ず矢印の根から先に処理されます。

　矢印は、上下左右のどこからでも開始・接続できますが、アクティビティによっては、どこから引っ張るかによって意味が異なります。

　また、フローチャートは、細かい内容が折りたたまれるため、全体の内容が把握しやすくなっています。

フローチャート

フローチャートは、アクティビティ同士を矢印でつないでグラフィカルに処理を指定できます。

▼フローチャートは、処理する順番を矢印で指定できる

シーケンス

シーケンスは、順番に流れていきます。

▼シーケンスは、処理する順番が決まっている

フローチャートは、ダブルクリックすると中身が表示されますよ

●フローチャートの使い方

フローチャートの追加

フローチャートを使用するには、アクティビティからフローチャートを追加する方法と、新規作成からフローチャートを選択する方法とがあります。新規作成の場合は、新しいタブとしてフローチャートが開かれます。

なお、どちらも機能に違いはないので、使いやすいほうを使ってください。

パネル上に新しくシーケンスのタブを開きます。新規作成時に便利です

パネル上にドラッグ＆ドロップします。すでにあるワークフローにフローチャートを追加する場合は、こちらを使用します

展開と折りたたみ

アクティビティは展開したり、折りたたむことができます。

通常は、展開した状態ですが、ワークフロー右上にある［すべて折りたたみ］［復元］［すべて展開］を使用して変えられます。

画面の広さに応じて、適宜使用してください。

Chapter 3

アクティビティ
パッケージを
使ってみよう

アクティビティパッケージ とは何か

もっとアクティビティを使ってみたいです

パッケージを追加してみましょう！

最初から使えるアクティビティは一部に過ぎません。UiPathには、様々なソフトウェアに対応したアクティビティを用意されています。パッケージを使ってみましょう。

●アクティビティパッケージの特徴

WordやExcel、メールなどを操作するには、**アクティビティパッケージ**が必要です。

アクティビティパッケージとは、その名の通り、何らかの機能に対する**アクティビティ**（ブロック状になった動作の固まり）がまとめられているパッケージです。無料で提供されています。

アクティビティパッケージには、そのアプリケーション固有の操作アクティビティが用意されており、キーボードやマウスの操作だけではできないような動きもプログラムできます。

アクティビティパネルにアクティビティを追加できます

アクティビティパッケージを追加できます

●代表的なアクティビティパッケージ

アクティビティパッケージは、すでに追加されているものと、そうでないものがあります。追加されてないものは、[パッケージを管理] からプロジェクトにインストールします。

また、公式（オフィシャル）が提供しているものと、非公式なものがあるので、まずは公式のものから使ってみてください。

❶ Excel アクティビティパッケージ（UiPath.Excel.Activities）

Excelに関連するアクティビティがまとめられたパッケージです。すでにインストールされています。Excelアプリケーションスコープで、対象となるExcelファイルを指定して使用します。

このパッケージで追加されるアクティビティは、アクティビティパネルの [アプリの統合] に格納されるものと、[システム] に格納されるものとがあります。含まれる主なアクティビティは、値の読み取り、書き込み、マクロの実行、数式の抽出、データの並べ替えなどがあります。

▼ 主なアクティビティ

- ・CSV ファイルへの追加、読み込み、上書き
- ・セルへの書き込み、読み込み、数式の読み込み
- ・行や列の挿入、削除、読み込み、重複行の削除
- ・テーブルのフィルタリング、範囲の抽出、並べ替え

- ワークブックを開く、閉じる、保存、シートの取得
- ピボットテーブルの作成、更新
- VBAの呼び出し、マクロの実行
- 範囲を追加、削除、選択、オートフィル、コピー、貼り付け
- 範囲内での検索　など

❷ Wordアクティビティパッケージ（UiPath.Word.Activities）

Wordアプリケーションスコープで、対象となるWordファイルを指定して使用します。Excelのアクティビティパッケージと類似したパッケージですが、最初から用意されていません。

このパッケージで追加されるアクティビティは、アクティビティパネルの［アプリの統合］に格納されるものと、［システム］に格納されるものとがあります。

主なアクティビティ

- データテーブルの挿入
- テキストの読み込み、追加、置換
- 画像の追加置換　など

❸ メールアクティビティパッケージ（UiPath.Mail.Activities）

メールアクティビティパッケージは、メールに関するアクティビティがまとめられています。SMTP、POP3、IMAPの3つの主要メールプロトコルと、OutlookとExchangeの操作に対応しています。

主なアクティビティ

- SMTPを使用したメッセージの送信
- POP3を使用したメッセージの取得
- IMAPを使用したメッセージの取得、移動
- Outlookを使用したメッセージの取得、移動、送信
- Exchangeを使用したメッセージの保存、添付ファイルの保存

❹ PDFアクティビティパッケージ（UiPath.PDF.Activities）

PDFアクティビティパッケージには、PDFとXPSファイルからデータを抽出し、文字列変数に格納するためのアクティビティが含まれています。

▼ **主なアクティビティ**

・PDFからのテキスト取得
・OCRによるPDFからのテキスト取得　など

⑤ **Webアクティビティパッケージ（UiPath.Web.Activities）**

　Webアクティビティパッケージには、Webに関するアクティビティが含まれています。HttpClientや SoapClientなどの、Web APIを呼び出すためのアクティビティがあります。

▼ **主なアクティビティ**

・データの抽出
・XPathクエリの実行
・ドキュメントのデシリアライズ（復元）　など

▼公式アクティビティパッケージの例

2 アクティビティパッケージの追加

アクティビティパッケージに興味があります。
どうしたらパッケージを追加できますか？

[パッケージを管理] から簡単にできますよ！

アクティビティパッケージの追加は、パッケージの追加から行います。Wordアクティビティパッケージは、最初に追加されていないものの1つです。まずは、これを入れてみましょう。

●アクティビティパッケージを追加してみよう

　主要なアクティビティパッケージの中で、**Wordアクティビティパッケージ**はデフォルトでインストールされていないものの1つなので、これを追加してみましょう。

　アクティビティパッケージは、プロジェクト単位でインストールされるものなので、新規にプロジェクトを作成した場合には、前のプロジェクトで使用したパッケージは、Excelなどの一部パッケージを除いて引き継がれません。そのため、再びインストール作業をする必要があります。

　まず事前準備として、空のプロセスを作成し、デザイン画面を開いておきます。プロセス名は「03_Wordを操作」とします。

▼プロジェクトの名前と保存場所

名前	場所	説明
03_Wordを操作	デフォルト値 (C:¥Users¥ユーザー名¥Documents¥UiPath)	Excelのセルに書き込む

❶パッケージ管理画面を呼び出す

[パッケージを管理] をクリックし、
パッケージ管理画面を開きます

❷アクティビティパッケージを検索する

パッケージ管理画面が開いたら、[オフィシャル] をクリックした後、検索フォームに [Word] と入力し、「UiPath.Word.Activities」を探します

❸アクティビティパッケージをインストールする

「UiPath.Word.Activities」を見つけたら、クリックして選択し、右カラムに表示される [インストール] をクリックします。インストールが始まります

❹設定を保存する

> インストールが終わったら、[保存] をクリック
> すると、依存関係のダウンロードが始まります

❺ライセンスに同意する

> 依存関係のダウンロードが終了すると、
> ライセンスへの同意を求められるので、
> [同意する] ボタンをクリックします

❻アクティビティを確認する

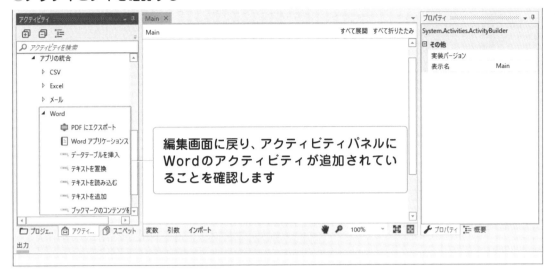

編集画面に戻り、アクティビティパネルに
Wordのアクティビティが追加されてい
ることを確認します

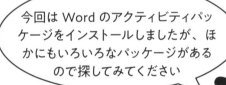

今回は Word のアクティビティパッ
ケージをインストールしましたが、ほ
かにもいろいろなパッケージがある
ので探してみてください

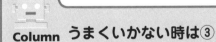

Column　うまくいかない時は③

　パッケージの管理から探す時に、検索ではうまく見つからないこともあります。その場合は、「オフィ
シャル」を選択しているかどうかをもう一度確認してください。

3 プログラミング時に知っておきたいこと

Excelを操作するワークフローを作成したいです

Excelアプリケーションスコープは必ず使うので、覚えておきましょう！

Excelを操作するには、Excelアプリケーションスコープというアクティビティを使用します。これは、対象となるExcelファイルを指定するものです。

●Excel・Wordのアプリケーションスコープ

　Excelを操作するには、［アプリの統合］➡［Excel］にある**Excelアプリケーションスコープ**というアクティビティを必ず使用します（以下、本書では**Excelスコープ**と略します）。

　スコープは「範囲」という意味になりますが、このExcelスコープは、どのExcelファイルに対して操作を行うのかを指定するものです。セルへの書き込みなど、Excelへの操作を行うアクティビティを使用するには、それらのアクティビティが該当のExcelスコープの中に格納されている必要があります。格納されていない場合は、エラーが表示されて、動きません。

① 開くExcelファイルのパスを記述します

② 実行したい内容を入力します。アプリケーションスコープを追加すると、自動的に［実行］ブロックも追加されます

これはWordの場合でも、同じです。Wordにも**Wordアプリケーションスコープ**というアクティビティ（以下、**Wordスコープ**）が用意されています。

ExcelスコープおよびWordスコープは、アクティビティの上部に対象とするファイルへのパスを記述し、下部に実行したい内容を記述します。

●ファイルのパス

ExcelやWordを操作する時には、必ずアプリケーションスコープで操作したいファイルを指定します。この時に必要なのが、ファイルの**パス**です。

パスは、コンピューター内のファイルの場所を表す住所のようなものです。

エクスプローラーのアドレス欄をクリックすることで、フォルダーの場所を得ることが一般的ですが、よくわからない場合は、エクスプローラーでファイルのアイコンを右クリックして［プロパティ］を選択し、［セキュリティ］タブに切り替えると、「オブジェクト名」に記載されています。

ほかに、フォルダーを開いて［パスのコピー］でも取得できます。

❶ ファイルを選択して［パスのコピー］をクリックすると、クリップボードに格納されます。メモ帳などに貼り付けして、確認できます

❷ ファイルのプロパティ画面のセキュリティタブにあるオブジェクト名に記載されている内容は範囲指定でコピーできます

ローカルフォルダーにあるファイルのパスは、①ドライブ名、②フォルダー名、③ファイル名の順で記述されます。

　また、共有フォルダーにあるファイルのパスは、①ファイルサーバー名、②フォルダー名、③ファイル名の順で記述されます。

　ユーザー名は、パソコンによって異なります。パソコンを使う時に、ログイン画面で表示される名前がユーザー名です。本書では、空白になっていたり、「chiro」と入っていますが、使っているパソコンの環境に合わせてプログラミングしてください。パソコンを変えるとこの部分は変わりますから、注意しましょう。

C:¥Users¥chiro¥Desktop¥UiPath.docx

ユーザー名	フォルダー名	ファイル名
ログイン画面などでおなじみのユーザー名	ドキュメントであれば¥Documents、ピクチャの中の lion フォルダーなら¥Picture¥lion	Word ファイルなら .docx、Excel ファイルなら .xlsx という拡張子がつく

ユーザー名、フォルダー名、ファイル名

　フォルダー名は、デスクトップやドキュメントフォルダーであれば「¥Desktop」「¥Documents」と表記されます。さらにフォルダーに入っている場合は、「¥Desktop¥tiger」や、「¥Pictures¥lion」のように親にあたるフォルダーから連続で記述されます。

この¥マークって何ですか？

¥マークは、フォルダーを区切る記号です。アメリカでは「＼」（バックスラッシュ）を使っていますが、日本ではフォントの関係で「¥」で表されます

●概要パネル（アウトラインパネル）の使い方

ExcelやWordに対して操作を行う場合に、アプリケーションスコープが必要になりますが、それぞれのスコープの中の実行ブロックの中に**操作**のアクティビティを入れるため、どうしても多層の入れ子状態になってしまいます。あまり入れ子が続くと、関係や階層がわかりづらいですね。

これを上手くさばいていくには、**概要パネル**（アウトラインパネル）を使うといいでしょう。概要パネルには、親子関係や変数などがアウトライン表示されるので、どうなっているか一目瞭然です。

概要パネルは右カラムにあり、普段はプロパティパネルが表示されているので、タブで切り替えて使用します。

RPAツールの導入で、おそらく一番効果があるのは管理職でしょう。

　「管理職は、単純作業や繰り返し作業などはしないから関係がない」と思われるかもしれませんが、そうではありません。

　単純作業の多くは、新人や若手社員が担当しています。

　RPAツールの導入で、「新人の仕事が減る」ということは、新人にほかの仕事を任せられるということです。そして、新人に仕事を任せた分だけ、新人の少し上の人たちの仕事が減ります。少し上の人たちの仕事が減れば、さらにその上の人たちの仕事を……。ここまで言えば、わかりますね。

　誰かの仕事が減るということは、その人に仕事を手伝ってもらえ、結果的に自分の仕事が減っていくということなのです。これぞ、皆が楽になる手伝いの連鎖です！

　RPAツールは、管理職のすべての仕事をいきなり代行できませんが、「管理職の仕事を手伝ってもらえる人」は、会社の中にいます。その人の仕事を減らして管理職の仕事を手伝ってもらいましょう。そしてその人の仕事は新人やRPAツールによって減らすのです。

ExcelとWordの操作を自動化してみよう

Excelアクティビティ
パッケージの種類と用途

まずは、Excelからやってみたいです

Excelアクティビティパッケージはあらかじめ追加されているので使いやすいですよ！

さっそく、Excelのアクティビティパッケージを使ってみましょう。Excelのアクティビティパッケージは、あらかじめインストールされています。2ヵ所にわかれているので、注意してください。

●Excelアクティビティパッケージの種類

Excelアクティビティパッケージ（UiPath.Excel.Activities）は、アクティビティパネルの**アプリの連携**に格納されるものと、**システム**に格納されるものとがあります。

さらにそれらは、CSV、Excel、ファイルなどのフォルダにまとめられ、Excelアプリケーションスコープで、対象となるExcelファイルを指定して使用します。

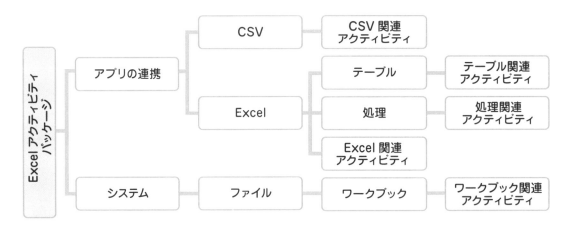

Excelアクティビティパッケージの内容

●アクティビティの用途

[アプリの連携]に格納されるアクティビティパッケージにはCSVとExcel、[システム]に格納されるアクティビティパッケージにはワークブックがあります。

● CSV（アプリの連携）

CSVファイルを操作するアクティビティが用意されています。

▼CSVのアクティビティ

アクティビティ名	内容
CSVに書き込み	指定したDataTableをCSVファイルに上書き
CSVに追加	指定したDataTableをCSVファイルに追加し、ファイルが存在しない場合は作成
CSVを読み込み	指定したCSVファイルからすべてのエントリを読み取る

● Excel（アプリの連携）

Excelファイルを操作するアクティビティが多数用意されています。

▼Excelのアクティビティ

分類	アクティビティ名	内容
Excel/処理	範囲をオートフィル	ルール範囲に定義された数式を取得し、範囲の終わりまで適用。Excelのオートフィル機能を模した動作
	範囲をコピー/貼り付け	値、式、テーブル書式、セル書式を含む範囲の内容すべてをコピーして、指定されたシートに貼り付ける
	範囲を削除	Excelワークブックの指定された範囲を削除
	マクロを実行	ブックに保存されたマクロを実行
	列の挿入・削除	列を挿入・削除
	行の挿入・削除	行を挿入・削除
	VBAの呼び出し	VBAコードを含む外部ファイルからマクロを呼び出し、Excelファイルに対して実行
	範囲内で検索	値を検索
	範囲を読み込み	テーブルを読み込む
	重複行を削除	指定された範囲の重複した行をすべて削除
	範囲の色を設定	指定したセルまたはセル範囲の色を変更

Chapter 4

Excel/テーブル	範囲を追加	DataTable変数に格納されている情報を、指定したExcelスプレッドシートの最後に追加。シートが存在しない場合は、SheetNameフィールドで指定した名前で新しいシートが作成される。
	ブックを閉じる	Excelファイルを閉じる
	ピボットテーブルを作成	指定された範囲からテーブルを作成
	テーブルを作成	指定された範囲からピボットテーブルを作成
	列を削除	テーブルの列をその名前に基づいてスプレッドシートから削除
	テーブルをフィルター	テーブルをフィルターする
	テーブル範囲を取得	指定したスプレッドシートからExcelテーブルの範囲を抽出
	ブックのシートを取得	インデックスに基づいてシートを検索し、取得した名前を文字列（String）変数として返す
	ブックの全シートを取得	ブック内のすべてのシート名を取得
	列を挿入	列を追加
	列を読み込み	［開始セル（StartingCell）］プロパティフィールドで指定したセルで開始する列の値を読み取り、IEnumerable<Object>変数に格納
	ピボットテーブルを更新	指定されたピボットテーブルを更新
	ブックを保存	ブックを保存
	範囲を選択	指定した範囲のセルを選択
	テーブルを並び替え	テーブルを並び替える
	範囲に書き込み	DataTable変数のデータを、開始セル［開始セル（StartingCell）］フィールドで指定したセルを開始点としてスプレッドシートに書き込む
Excel	シートをコピー	シートをコピーする
	Excelアプリケーションスコープ	Excelワークブックを開き、Excelのアクティビティの対象範囲を設定
	セルの色を取得	セルの背景色を抽出してColor変数として保存
	選択範囲を取得	選択された範囲を取得
	セルを読み込み	セルの値を読み込む
	セルの数式を読み込み	セルの数式を読み込む
	行を読み込み	指定したセルで開始する行の値を読み取り、IEnumerable<Object>変数に格納
	セルに書き込み	指定されたスプレッドシートのセルまたは範囲に値または数式を書き込む

● ワークブック（システム）

ワークブックを操作するアクティビティが用意されています。

▼ワークブックのアクティビティ

アクティビティ名	内容
範囲を追加	DataTable変数に格納されている情報を、指定したExcelスプレッドシートの最後に追加。シートが存在しない場合は、SheetNameフィールドで指定した名前で新しいシートが作成される
テーブル範囲を取得	指定したスプレッドシートからExcelテーブルの範囲を抽出する
セルを読み込み	Excelセルの値を読み取って変数に格納する
セルの数式を読み込み	指定したExcelセルで使用されている数式を抽出する
列を読み込み	StartingCellフィールドで指定したセルを開始セルとして、列からの値を読み取り、IEnumerable変数に格納する
範囲を読み込み	Excelの範囲の値を読み取ってDataTable変数に格納。範囲を指定しない場合は、スプレッドシート全体を読み取る。範囲をセルとして指定した場合は、そのセルから始まるスプレッドシート全体を読み取る
行を読み込み	StartingCellフィールドに指定されたセルから始まる行の値を読み取り、IEnumerable変数に格納する
セルに書き込み	指定したスプレッドシートセルまたは範囲に値を書き込む。シートが存在しない場合は、SheetName値の名前で新しいシートが作成される。値が存在する場合は上書きされる。変更はすぐに保存される
範囲に書き込み	DataTable変数のデータを、StartingCellフィールドで指定したセルを開始点としてスプレッドシートに書き込む。開始セルを指定しない場合は、A1セルからデータを書き込む。シートが存在しない場合は、SheetNameの値を使用して新規のシートが作成される。指定した範囲内のセルはすべて上書きされる。変更はすぐに保存される

どこにあるのか、探すのが大変です

アクティビティは数が多いので、検索するといいですよ

Chapter
4

2 文字の入力（Excel）

Excelに文字を入力できますか？

セルを指定して入力してみましょう！

簡単なワークフローとして、Excelに文字を入力してみましょう。文字を入力する時には、シートやセルを指定できます。入力ができたら、ほかのアクティビティも使ってみてくださいね。

●Excelに文字を入力してみよう

Excelのアクティビティに慣れるために、簡単なワークフローを作ってみましょう。

Excel内の指定したシートの指定したセルに、決まった文字を書き込むものです。

実行するとExcelファイルに設定した内容が書き込まれる

アクティビティでファイルパスを指定し、書き込むシートとセルと内容を設定する

● プログラムの内容

① Excelアプリケーションスコープを置き、対象ファイルを設定する。
② スコープ内に「セルの書き込み」を設定する。

● 使用するアクティビティ

[アプリの統合] ➡ [Excel] ➡ [Excelアプリケーションスコープ]
[アプリの統合] ➡ [Excel] ➡ [セルに書き込み]

● プロジェクトを作る

それでは、ExcelのA1セルに文字を書き込んで保存するプロジェクトを作ります。

事前準備として、新規に [04 Excelのセルに書き込む] のプロジェクトを作成して開いておきます。ワークフローは、48ページを参考にシーケンスをドラッグ＆ドロップしておいてください。

▼プロジェクトの名前と保存場所

名前	場所	説明
[04 Excelのセルに書き込む]	デフォルト値（C:¥Users¥ユーザー名¥Documents¥UiPath）	Excelのセルに書き込む

また、空のExcelファイルを事前にデスクトップに作成しておきます。Excelファイル名は「Uitest01.xlsx」とします。

▼各項目の設定

項目	設定
ファイル名	Uitest01.xlsx
パス	C:¥Users¥ユーザー名¥Desktop¥Uitest01.xlsx

❶ 左カラムからアクティビティパネルを開く

左カラムのタブで「アクティビティ」に切り替え、アクティビティパネルを開きます

❷ [Excelアプリケーションスコープ] アクティビティをドラッグ＆ドロップする

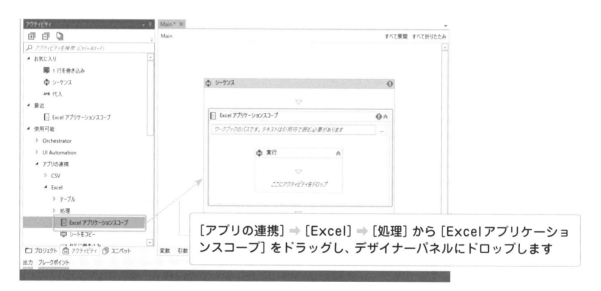

[アプリの連携] ➡ [Excel] ➡ [処理] から [Excelアプリケーションスコープ] をドラッグし、デザイナーパネルにドロップします

❸ ［Excelアプリケーションスコープ］にExcelファイルパスを設定する

［シーケンス］［Excelアプリケーションスコープ］［実行］の3つのアクティビティが表示されます。このうちの［Excelアプリケーションスコープ］の入力欄に"C:¥Users¥ユーザー名¥Desktop¥Uitest01.xlsx"を入力します

「"」（ダブルクォーテーション）で囲うのを忘れないようにしてください

❹ ［セルに書き込み］アクティビティをドラッグ＆ドロップする

［アプリの連携］➡［Excel］➡［処理］から［セルに書き込み］をドラッグし、デザイナーパネルの［実行］にドロップします

Chapter
4

⑤書き込む内容を入力する

保存先
シート名 "Sheet1"
範囲 "A1"

入力
値 "わんわん記:

共通
表示名 セルに書き込み

対象となるシート名とセル
は"Sheet1""A1"のままにし
ておきます

書き込む内容として「"わん
わん記録"」を入力します
(「"」を忘れないようにして
ください)

＋ソース管理に追加▾

⑥プロジェクトができる

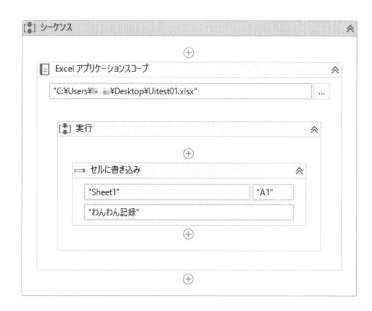

⑦プロジェクトを保存して、実行する

② ［ファイルをデバッグ］➡［実行］
ボタンをクリックします

① デザインリボンの［保存］をクリックし、
プロジェクトを保存します

　プロジェクトができたら、実行してみましょう。実行するとExcelにプロジェクトで設定した内容が書き込まれます。

　対象のExcelが開いていない状態で実行した場合は、一瞬Excelが開き、保存されて終了するので、実行が終わったのを見計らってExcelを開いて確認してみましょう。対象のExcelが開いている状態で実行した場合は、開いた状態で書き込まれます。その場合、Excelは開いたまま実行が終わります。

実行するとExcelファイルに設定した内容が書き込まれます

うまくいったら、書き込むセルや内容を変えて練習しましょう

3 Wordアクティビティパッケージの種類と用途

Wordアクティビティも使ってみたいです

Wordアクティビティは、後から追加するものなので、プロジェクトを新しくした場合は入れ直してくださいね！

次にWordのアクティビティパッケージを使ってみましょう。Wordのアクティビティパッケージは、後から追加するものであるため、プロジェクトごとに追加が必要です。

●Wordアクティビティパッケージの種類

Word アクティビティパッケージ (UiPath.Word.Activities) は、Excelのアクティビティパッケージと類似したパッケージです。ただし、最初から用意されていません。インストールが必要です。このパッケージのアクティビティは、アクティビティパネルの**アプリの連携**と、**システム**に格納されます。

Wordアプリケーションスコープで、対象となるWordファイルを指定して使用します。

含まれる主なアクティビティには、データテーブルを挿入、テキストの読み込み、追加、置換、画像を追加置換などがあります。

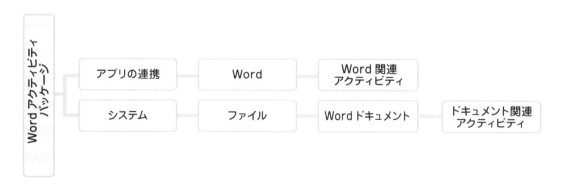

Wordアクティビティパッケージの内容

●アクティビティの用途

［アプリの連携］に格納されるアクティビティパッケージにはWord、［システム］に格納されるアクティビティパッケージにはWordドキュメントがあります。

Word（アプリの連携）

Wordファイルを操作するアクティビティが用意されています。

▼Wordのアクティビティ

アクティビティ名	内容
画像を追加	指定された Word ドキュメントの最後に画像を追加する
テキストを追加	ドキュメントの最後にテキストを追加する
PDFにエクスポート	ドキュメントを PDF 形式でエクスポートする
テキストを読み込み	Word ドキュメントからテキストを読み取り、文字列変数に格納する
テキストを置換	ドキュメント内で対象の文字列が出現するすべての箇所を別の文字列に置換する
ブックマークのコンテンツを設定	ドキュメントのブックマークにテキストを設定する
Wordアプリケーションスコープ	Word ドキュメントを開き、他の Word のアクティビティの対象範囲を設定する。このアクティビティが終了すると、ドキュメントとWordアプリケーションが閉じる。指定したファイルが存在しない場合は、新しいドキュメントファイルが作成される。
画像を置換	Word ドキュメント内の代替テキストに従って所定の画像のすべての出現を特定し、別の指定された画像に置換する
データテーブルを挿入	Word ドキュメント内のDataTable 変数から生成したテーブルを挿入。テーブルは、指定されたテキストまたはブックマークに相対する位置に作成する

Wordドキュメント（システム）

ファイルを操作するアクティビティが用意されています。

▼Wordドキュメントのアクティビティ

アクティビティ名	内容
テキストを追加	ドキュメントの最後にテキストを書き込む
テキストを読み込み	Word ドキュメントからテキストを読み取り、文字列変数に格納する
テキストを置換	ドキュメント内で対象の文字列が出現するすべての箇所を別の文字列に置換する

Chapter
4

4 文字の入力（Word）

Wordでも文字を入力できますか？　どうやって位置を指定するのでしょうか？

Wordの場合は、カーソルのある位置に入るので注意してくださいね！

WordでもExcelと同じように文字を追加してみましょう。Wordの場合はセルがないため、書き込む位置の指定はできません。カーソルのある場所に書き込みます。

●Wordに文字を入力してみよう

　Wordでも同じように、文字入力してみましょう。Word内のカーソル位置に、決まった文字を書き込むものです。

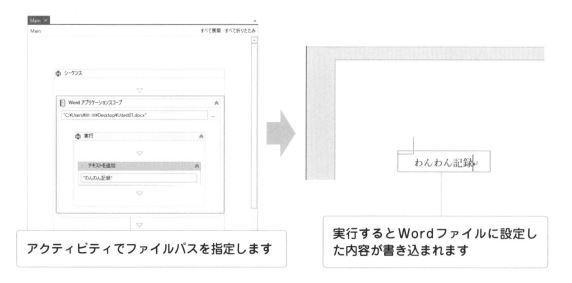

アクティビティでファイルパスを指定します

実行するとWordファイルに設定した内容が書き込まれます

●プログラムの内容

❶Wordアプリケーションスコープを置き、対象ファイルを設定する
❷スコープ内に「テキストを追加」を設定する

●使用するアクティビティ

［アプリの統合］➡［Word］➡［Wordアプリケーションスコープ］
［アプリの統合］➡［Word］➡［テキストを追加］

●プロジェクトを作る

それでは、Wordのカーソル位置に文字を書き込んで保存するプロジェクトを作ります。

まず、準備として新規に「04 Wordに文字を入力する」のプロジェクトを作成して開いておきます。ワークフローは、48ページを参考にシーケンスをドラッグ＆ドロップしておいてください。

▼プロジェクトの名前と保存場所

名前	場所	説明
［04 Wordに文字を入力する］	デフォルト値（C:¥Users¥ユーザー名¥Documents¥UiPath）	Wordのカーソル位置に書き込む

また、空のWordファイルを事前にデスクトップに作成しておきます。Wordファイル名は「Uitest01.docx」とします。

▼各項目の設定

項目	設定
ファイル名	Uitest01.docx
パス	C:¥Users¥ユーザー名¥Desktop¥Uitest01.docx

手動で追加したアクティビティは、プロジェクト単位で入るものです。アクティビティパネルにない場合は、再びインストールしてください

Chapter
4

❶ [Wordアプリケーションスコープ] アクティビティをドラッグ＆ドロップする

アクティビティパネルの［アプリの連携］⇒［Word］
から［Wordアプリケーションスコープ］をドラッグ
し、デザイナーパネルにドロップします

❷ [Wordアプリケーションスコープ] にWordファイルパスを設定する

［シーケンス］［Wordアプリケー
ションスコープ］［実行］の3つのア
クティビティが表示される。このう
ちの［Wordアプリケーションス
コープ］の入力欄に"C:¥Users¥
ユーザー名¥Desktop¥Uitest01.
docx"を入力します

「"」(ダブルクォーテーション) で囲
うのを忘れないようにしてください

❸ [テキストを追加] アクティビティをドラッグ＆ドロップする

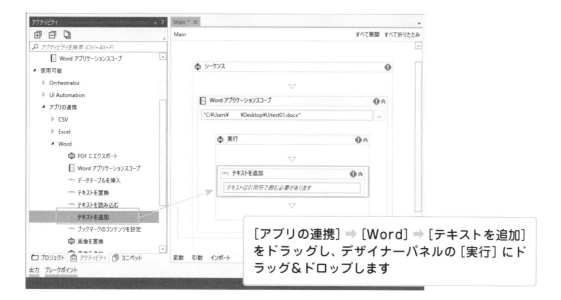

[アプリの連携] ➡ [Word] ➡ [テキストを追加]
をドラッグし、デザイナーパネルの [実行] にド
ラッグ＆ドロップします

❹ 書き込む内容を入力する

右カラムの [オプション] の
[改行する] にチェックが入っ
ていると、カーソル位置に改行
を挿入した上で文字が入力さ
れるので、チェックを外して
カーソル位置の通りに文字を
入力します

書き込む内容として「"わんわん記録"」を入力し
ます。（「"」を忘れないようにしてください）

❺プロジェクトができる

❻プロジェクトを保存して、実行する

❶ デザインリボンの［保存］をクリックし、プロジェクトを保存します

❷ ［ファイルをデバッグ］➡［実行］ボタンをクリックします

　プロジェクトを保存したらWordを開き、その後実行してみましょう（Wordが開かれていないとカーソル位置が定まらないため、正しく入力されない可能性があります。現在の仕様では文末に挿入されるようです）。

　実行するとWordにプロジェクトで設定した内容が書き込まれます。

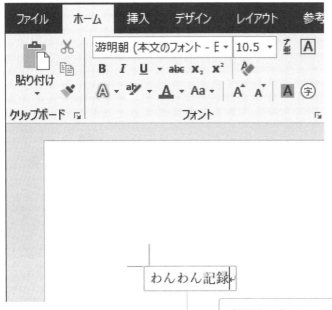

わんわん記録

実行すると Word ファイルにプロジェクトで設定した内容が書き込まれます

Chapter
4

文字の置換（Word）

5

もう少し難しいことに挑戦してみたいです

では、置換をやってみましょう！

文字を入力できたら、今度は、置換してみましょう。置換は、レコーディングでクリックすることでも記録できますが、このようにアクティビティを使うと確実に実行できる操作の1つです。

●Wordの文字を置換してみよう

Wordの操作をしてみましょう。Word内の指定した文字列を別の文字列に置換するものです。

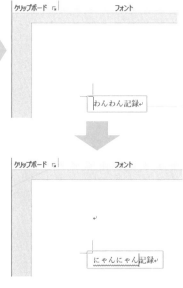

実行すると指定したWordファイルの、指定された文字列が置換されます

アクティビティでファイルパスと置換文字列を指定します

◉プログラムの内容

①Wordアプリケーションスコープを置き、対象ファイルを設定する。
②スコープ内に「テキストを置換」を設定する。

◉使用するアクティビティ

[アプリの統合] ➡ [Word] ➡ [Wordアプリケーションスコープ]
[アプリの統合] ➡ [Word] ➡ [テキストを置換]

●プロジェクトを作る

それでは、Wordの文字列を別の文字列に置換して保存するプロジェクトを作ります。

まず事前準備として、新規に［04 文字列を別の文字列に置換］のプロジェクトを作成し、開いておきます。

▼プロジェクトの名前と保存場所

名前	場所	説明
[04 文字列を別の文字列に置換]	デフォルト値 (C:¥Users¥ユーザー名¥Documents¥UiPath)	Wordの文字列を別の文字列に置換する

また、4-4節で使用した「わんわん記録」と書かれた「Uitest01.docx」のWordファイルを事前にデスクトップに用意しておきます。

▼各項目の設定

項目	設定
ファイル名	Uitest01.docx
パス	C:¥Users¥ユーザー名¥Desktop¥Uitest01.docx

Chapter 4

❶ [Wordアプリケーションスコープ] アクティビティをドラッグ＆ドロップする

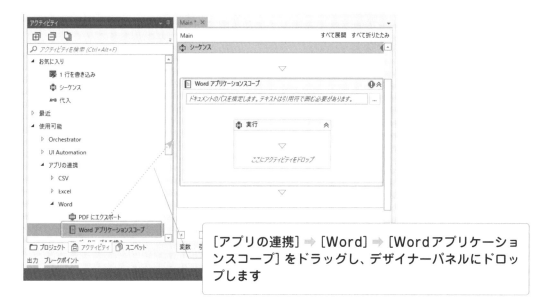

[アプリの連携] ➡ [Word] ➡ [Wordアプリケーショ
ンスコープ] をドラッグし、デザイナーパネルにドロッ
プします

❷ [Wordアプリケーションスコープ] にWordファイルパスを設定する

[シーケンス] [Wordアプリケー
ションスコープ] [実行] の3つのア
クティビティが表示されます。この
うちの [Wordアプリケーションス
コープ] の入力欄に"C:¥Users¥
ユーザー名¥Desktop¥Uitest01.
docx"を入力します

「"」(ダブルクォーテーション) で囲
うのを忘れないようにしてください

❸ ［テキストを置換］アクティビティをドラッグ＆ドロップする

> ［アプリの連携］➡［Word］から［テキストを置換］をドラッグし、
> デザイナーパネルの［実行］にドロップします

❹ 書き込む内容を入力する

> 書き込む内容として、左側の置換対象の文字列として「"わんわん"」、置
> 換後の文字として右側に「"にゃんにゃん"」を入力します（「"」を忘れ
> ないようにしてください）

⑤ プロジェクトができる

⑥ プロジェクトを保存して、実行する

❶ デザインリボンの［保存］をクリックし、プロジェクトを保存します

❷ ［ファイルをデバッグ］→［実行］ボタンをクリックします

　プロジェクトを保存したらWordを開き、その後実行してみましょう。実行するとWordにプロジェクトで設定した文字列が指定した文字列に置き換わります。

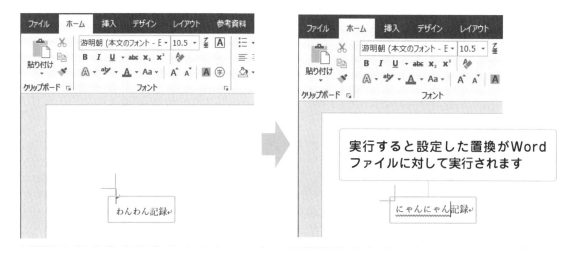

実行すると設定した置換がWordファイルに対して実行されます

わんわん記録

にゃんにゃん記録

Wordファイルを PDF に変換

6

Wordといえば、PDF に書き出すのが面倒
です。どうにかなりませんか？

もちろん、簡単に PDF になりますよ！

作成したファイルを PDF にしてみましょう。ビジネスの現場では、作成した文書を PDF に置換
して相手に渡すことも多いですね。たいしたことではないものの、面倒なフローを自動化してみ
ましょう。

●Wordファイルを PDF にエクスポートしてみよう

操作にも慣れてきたところで、Wordを PDF ファイルとしてエクスポートしてみましょう。

アクティビティで変換元の
Wordファイルと変換先のPDF
ファイル名を指定します

実行すると指定した
Wordファイルが
PDFとしてエクス
ポートされます

● **プログラムの内容**

❶ **Wordアプリケーションスコープを置き、対象ファイルを設定する。**
❷ **スコープ内に「PDFにエクスポート」を設定する。**

● **使用するアクティビティ**

［アプリの統合］➡［Word］➡［Wordアプリケーションスコープ］
［アプリの統合］➡［Word］➡［PDFにエクスポート］

●プロジェクトを作る

　それでは、WordファイルをPDFとしてエクスポートするプロジェクトを作ります。

　事前準備として、新規に［04 WordファイルをPDFとしてエクスポート］のプロジェクトを作成して開いておきます。

▼プロジェクトの名前と保存場所

名前	場所	説明
［04 WordファイルをPDFとしてエクスポート］	デフォルト値（C:¥Users¥ユーザー名¥Documents¥UiPath）	PDFとしてエクスポートする

　また、4-5節で使用した「わんわん記録」（もしくは「にゃんにゃん記録」）と書かれた「Uitest01.docx」のWordファイルを事前にデスクトップに用意しておく。

▼各項目の設定

項目	設定
ファイル名	Uitest01.docx
パス	C:¥Users¥ユーザー名¥Desktop¥Uitest01.docx

❶ [Wordアプリケーションスコープ] アクティビティをドラッグ＆ドロップする

[アプリの連携]➡[Word]➡[Wordアプリケーションスコープ] をドラッグし、デザイナーパネルにドロップします

❷ [Wordアプリケーションスコープ] にWordファイルパスを設定する

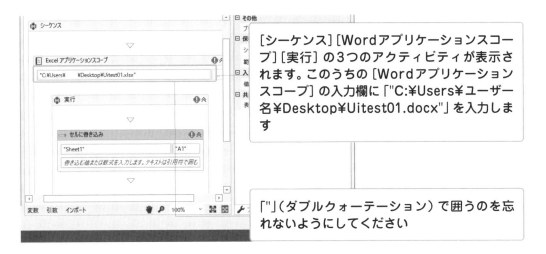

[シーケンス][Wordアプリケーションスコープ][実行] の3つのアクティビティが表示されます。このうちの [Wordアプリケーションスコープ] の入力欄に「"C:¥Users¥ユーザー名¥Desktop¥Uitest01.docx"」を入力します

「"」（ダブルクォーテーション）で囲うのを忘れないようにしてください

❸ [PDFにエクスポート] アクティビティをドラッグ＆ドロップする

[アプリの連携] ➡ [Word] から [PDFにエクスポート] を
ドラッグし、デザイナーパネルの [実行] にドロップします

❹ PFDファイルのパスを設定する

[PDFにエクスポート] のワークフローが表示されます。
PDFのエクスポート先をデスクトップにするので、入力
欄に「"C:\Users\ユーザー名\Desktop\Uitest01.
pdf"」を入力します

❺プロジェクトができる

❻プロジェクトを保存して、実行する

❶ デザインリボンの［保存］をクリックし、プロジェクトを保存します

❷ ［ファイルをデバッグ］➡［実行］ボタンをクリックします

プロジェクトを保存したら、実行してみましょう。実行するとデスクトップ上にPDFファイルが作成されます。

PDFファイルを開くと、Uitest01.docxの内容と同じものができているのが確認できます。

第1章で紹介したように、RPAツールには、できることに限りがあります。お客さんが来社しても、お茶は出せませんし、画期的なアイデアを会議で出してくれるわけでもありません。そればかりか、Excelの複雑な操作はマクロの方が得意です。ただ、得意なことは人間よりも速く正確に処理してくれます。では、RPAツールには、どの業務が向いているのでしょうか。

業務について考えるには、まず自分の仕事を知る必要があります。

「自分の仕事くらい知っている！」と思われるかもしれませんが、いざ仕事を書き出してみようとすると、大半が抜けてしまう人がほとんどです。これは書き出してもらったものと実際に仕事を動画で撮った場合と比べれば一目瞭然です。

会社で働いている人の多くは、「××プロジェクト」「○○の仕事」というような明確な仕事だけで働いているわけではありません。顧客への連絡や社内での報告、部下への指示、仕事の下調べなど、意識しづらい小さな作業が、意外と時間を取っています。

こうした作業は単純作業やルーチンの作業が多く含まれます。

ここで思い出してください。RPAは、単純作業が得意だったはずです。言い換えれば、RPAを使用して業務を楽にしようと思うならば、こうした些細なルーチンワークにヒントが隠れているということなのです。

RPAツールに「スペシャルな仕事」をさせるのではなく、まず最初は、ルーチンワークから手伝ってもらっていくと良いでしょう。

Chapter 5

PDFの操作を
自動化してみよう

PDFアクティビティ パッケージの種類と用途

ほかのアクティビティも使ってみたいです

では、PDFのパッケージを使ってみましょう。PDFは、いろいろと便利ですよ！

WordとExcelに続いて、PDFのアクティビティパッケージを使ってみましょう。PDFアクティビティパッケージでは、PDFとXPSに関連するアクティビティが追加されます。

●PDFアクティビティパッケージの種類

　PDFアクティビティパッケージ（UiPath.PDF.Activities）を追加すると、**PDFファイル**に関わるアクティビティと、**XPSファイル**に関わるアクティビティがインストールされます。

　なお、パッケージの追加はUiPath本体ではなく、プロジェクトに対して行われます。そのため、新規にプロセスを作成し、そのプロセスでPDFアクティビティを使用したい場合には、プロジェクトごとに追加する必要があります。

XPSって、何ですか？

マイクロソフト社のドキュメント形式なんだって

●アクティビティの用途

PDF、XPSとも［アプリの連携］に格納されます。

PDF（アプリの連携）

PDFファイルを操作するアクティビティが用意されています。

▼PDFのアクティビティ

アクティビティ名	内容
PDFのテキストを読み込み	指定したPDFファイルからすべての文字を読み取り、文字列変数に格納する
OCRでPDFを読み込み	PDFファイルからOCR機能を使ってすべての文字を読み取り、文字列変数に格納する
PDFページを画像としてエクスポート	指定したPDFファイルのページから画像を作成する
PDFのページ範囲を抽出	PDFドキュメントの指定したページ範囲を抽出する
PDFファイルを結合	文字列の配列で格納されている複数のPDFファイルを単一のPDFファイルに結合する
PDFのパスワードを管理	指定したPDFファイルのパスワードを変更する

XPS（アプリの連携）

XPSファイルを操作するアクティビティが用意されています。

▼XPSのアクティビティ

アクティビティ名	内容
XPSのテキストを読み込み	指定したXPSファイルからすべての文字を読み取り、文字列変数に格納する
XPSでPDFを読み込み	OCRを使用して、指定したXPSファイルからすべての文字を読み取り、文字列変数に格納する

Chapter
5

PDFの結合

お客さんからもらったPDFがバラバラです。1つにまとめたいので、どうにかなりませんか？

実は、UiPathで簡単にPDFが結合できるんですよ！

PDFの結合をしてみましょう。PDFの結合は、よく使うPDFソフトにその機能がないため、困っている人も多いのではないでしょうか。UiPathを使えば、簡単に結合できます。

●PDFの結合をしてみよう

複数のPDFファイルを1つのPDFファイルにするプロジェクトを作ってみましょう。仕事でよく使う操作ですね。

プログラミングの内容

① PDFファイルを結合アクティビティを組み込む。
② ファイルリストを編集する。
③ PDFの出力先を設定する。

使用するアクティビティ

アプリの統合 ➡ PDF ➡ PDFファイルを結合

それでは、UiPath Studioを使って、実際にPDFファイルを結合してみましょう。

●プロジェクトを作る

それでは、PDFファイルを結合するプロジェクトを作ります。

事前準備として、新規に［05 PDFの結合］のプロジェクトを作成して開いておきます。

▼プロジェクトの名前と保存場所

名前	場所	説明
［05 PDFの結合］	デフォルト値（C:¥Users¥ユーザー名¥Documents¥UiPath）	複数のPDFファイルを1つに結合する

また、デスクトップに空のフォルダーを事前に作成しておきます。空のフォルダー名は「Uitest_PDF」とします。そして、作成したフォルダーの中にPDFファイルを複数、入れておきます。今回は第4章で作成したUitest01.pdfをコピーし、フォルダーの中にUitest01.pdf、Uitest02.pdfとして入れます。

なお、結合後のファイルは、Uitest03.pdfとしてデスクトップ上に出力します。

▼各項目の設定

項目	設定
ファイル名	Uitest01.pdf、Uitest02.pdf
パス	C:¥Users¥ユーザー名¥Desktop¥Uitest_PDF¥Uitest01.pdf、C:¥Users¥ユーザー名¥Desktop¥Uitest_PDF¥Uitest02.pdf

❶ ［PDFファイルを結合］アクティビティをドラッグ＆ドロップする

［アプリの連携］➡［PDF］➡［PDFファイルを結合］をドラッグし、デザイナーパネルにドロップします

❷ [ファイルリスト] にフォルダーのパスを入力する

① 右カラムの [ファイル] の [ファイルリスト] に、
PDFが入っているフォルダーのパスとして、
system.IO.Directory.GetFiles("C:¥Users¥ユー
ザー名¥Desktop¥UiPath")を入力します

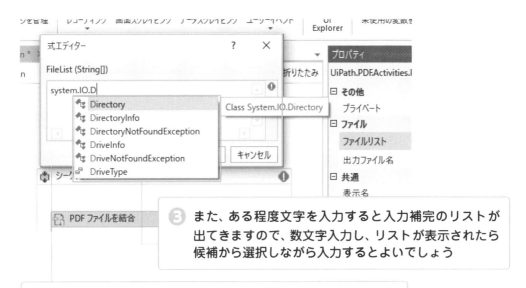

③ また、ある程度文字を入力すると入力補完のリストが
出てきますので、数文字入力し、リストが表示されたら
候補から選択しながら入力するとよいでしょう

② 入力は長いですが、入力欄右の [⋯] ボタンをクリックすると
[式エディター] が起動し、入力欄が拡大し、入力しやすくな
ります (入力する内容は直接入力欄に入力する場合も、式エ
ディターでも同じです)

❸ [出力ファイル] に出力先を入力する

右カラムの [ファイル] の [出力ファイル] に、PDF結合後の出力先ファイル名として、"C:¥Users¥ユーザー名¥Desktop¥Uitest03.pdf" を入力します

❹ プロジェクトができる

❺ プロジェクトを保存して、実行する

① デザインリボンの [保存] をクリックし、プロジェクトを保存します

② [ファイルをデバッグ] ➡ [実行] ボタンをクリックします

　プロジェクトを実行すると、デスクトップ上にUiPath03.pdfが作成されます。このPDFは、指定したフォルダーのPDFファイル2つが結合したものなので、今回の例では、Uitest01.pdfとそのコピーUitest02.pdfが結合して、合計2ページのPDFファイルになっているのが確認できます。

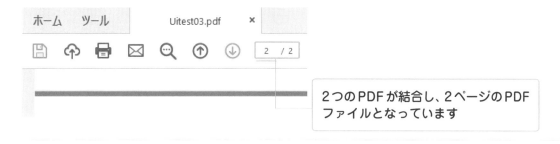

2つのPDFが結合し、2ページのPDFファイルとなっています

3 ページ範囲の抽出

PDF特定の範囲を取り出せないでしょうか？
ページがたくさんで、毎回、該当の場所を探
すのが面倒なんです

ページ範囲の抽出で、簡単にできますよ！

PDFのページ範囲を抽出してみましょう。これも業務でよく使いたい機能ではないでしょうか。
指定したページ範囲を別ファイルとして取り出す機能です。

●PDFのページ範囲を抽出してみよう

　指定したPDFファイルから、指定したページ範囲を別ファイルに取り出すプロジェクトを作ってみま
しょう。

プログラミングの内容

❶ PDFのページ範囲を抽出を組み込む。
❷ PDFファイルの抽出元と抽出先を指定する。
❸ 抽出するページを指定する。

使用するアクティビティ

アプリの統合 ➡ PDF ➡ PDFのページ範囲を抽出

　プロジェクト作成の手順と使用するアクティビティがわかったところで、実際にUiPath Studioを使っ
て、PDFファイルからページ範囲を抽出してみましょう。

●プロジェクトを作る

それでは、PDFのページ範囲を抽出するプロジェクトを作ります。

プロジェクトを作る前の準備として、新規に［05 PDFのページ範囲を抽出］のプロジェクトを作成し、開いておきます。

▼プロジェクトの名前と保存場所

名前	場所	説明
［05 PDFのページ範囲を抽出］	デフォルト値（C:¥Users¥ユーザー名¥Documents¥UiPath）	指定したPDFから指定したページを別のPDFにする

また、事前に複数のページを持つPDFファイルをデスクトップに用意しておきます。今回は、5-2節で作成したUitest03.pdfから1ページを抽出し、抽出後のファイルをUitest04.pdfとしてデスクトップ上に出力します。

▼各項目の設定

項目	設定
ファイル名	Uitest03.pdf
パス	C:¥Users¥ユーザー名¥Desktop¥¥Uitest03.pdf

❶［PDFのページ範囲を抽出］アクティビティをドラッグ＆ドロップする

［アプリの連携］➡［PDF］➡［PDFのページ範囲を抽出］をドラッグし、デザイナーパネルにドロップします

❷ PDFファイルの抽出元と抽出先を指定する

上段（抽出元）は、「"C:¥Users¥ユーザー名¥Desktop¥Uitest03.pdf"」

下段（抽出先）は、「"C:¥Users¥ユーザー名¥Desktop¥Uitest04.pdf"」

指定欄に、それぞれ抽出元と抽出先のファイルパスを入力します

❸ 抽出するページを指定する

右カラムの［入力］にある［範囲］に抽出するページを指定します。指定は""で囲みます。今回は2ページ目を抽出しますので"2"とします

　なお、この範囲指定は、「"2"（2ページ目だけを抽出）」「"1-2"（1ページ目から2ページ目までを抽出）」「"1,2"（1ページ目と2ページ目を抽出）」といった指定もできます（もちろん、抽出元にないページ番号を指定するとエラーになります）。

❹ **プロジェクトができる**

❺ **プロジェクトを保存して、実行する**

❶ デザインリボンの［保存］をクリックし、プロジェクトを保存します

❷ ［ファイルをデバッグ］ ⇒ ［実行］ボタンをクリックします

　プロジェクトを実行すると、デスクトップ上にUitest04.pdfが作成されます。このPDFは、指定したUitest03.pdfのファイルから指定ページが取り出されたものです。

Chapter
5

PDFの画像化

PDFの内容を使って、Wordの資料を作りたいのですが、画像にするのが面倒で困っています

これもPDFパッケージで簡単にできますよ!

PDFを画像化してみましょう。PDFにある内容をWordやWebサイトで使用したいことも多いのではないでしょうか。そのような時に役立つ機能です。

●PDFを画像化してみよう

今度は、指定したPDFの指定したページを画像として抽出するアクティビティの紹介をします。

◉プログラミングの内容

❶［ページを画像としてエクスポート］を組み込む。
❷抽出元と抽出先のファイルパスを設定する。
❸入力のページ番号を指定する。

◉使用するアクティビティ

アプリの統合➡PDF➡PDFページを画像としてエクスポート

それでは、PDFアクティビティを使って、PDFを画像化していきます。

●プロジェクトを作る

それでは、PDFの指定ページを画像としてエクスポートするプロジェクトを作ります。

まず事前に新規に [05 PDFページを画像としてエクスポート] のプロジェクトを作成し、開いておきます。

▼プロジェクトの名前と保存場所

名前	場所	説明
[05 PDFページを画像としてエクスポート]	デフォルト値 (C:¥Users¥ユーザー名¥Documents¥UiPath)	PDFの指定したページを画像としてエクスポートする

また、事前にPDFファイルをデスクトップに用意しておきます。今回は、5-2節で作成したUitest03.pdfから1ページを抽出し、抽出後のファイルをUitest03.jpgとしてデスクトップ上に出力します。

▼各項目の設定

項目	設定
ファイル名	Uitest03.pdf
パス	C:¥Users¥ユーザー名¥Desktop¥Uitest03.pdf

そして5-1節を参考に、作成した [05 PDFページを画像としてエクスポート] のプロジェクトにPDFのアクティビティパッケージを追加します。

❶ [PDFページを画像としてエクスポート] アクティビティをドラッグ＆ドロップする

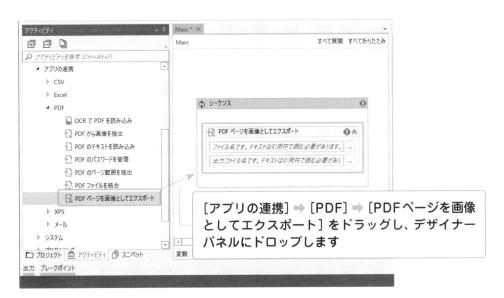

[アプリの連携] ➡ [PDF] ➡ [PDFページを画像としてエクスポート] をドラッグし、デザイナーパネルにドロップします

❷画像化したいPDFファイルと、画像として出力するファイル名を入力する

上段（抽出元）は、「"C:¥Users¥ユーザー名¥Desktop¥Uitest03.pdf"」

下段（抽出先）は、「"C:¥Users¥ユーザー名¥Desktop¥Uitest03.jpg"」

画像化したいPDFファイルのファイルパスを上段に指定し、画像として出力するファイルパス、ファイル名を下段に入力します

なお、画像として指定できる拡張子は「png」「jpg」「jpeg」「bmp」「gif」「tif」「tiff」です。

❸［ページ番号］に画像化するPDFのページ番号を指定する

右カラムの［入力］➡［ページ番号］に、画像化するPDFのページ番号を指定します。ページ番号を指定するときは数字のみ入力します。「"」（ダブルクォーテーション）で囲ったり、複数のページを指定したりすることはできません。単独で数字のみで指定します

❹プロジェクトができる

❺プロジェクトを保存して、実行する

　プロジェクトを実行するとデスクトップ上にUitest03.jpgが作成されます。このPDFは、指定したUitest03.pdfのファイルから指定ページが画像として取り出されたものです。

メールの操作を自動化 してみよう

1 メールアクティビティ パッケージの種類と用途

面倒な業務といえば、メールもできると良いのですが……

もちろん、メールに関するアクティビティもあります！

第6章では、メールに関するアクティビティを使用しますが、その前に、メールの仕組みについて簡単に学んでおきましょう。メール特有の用語がいくつかありますが、そんなに難しくありません。

●メールの仕組み

　メールアクティビティを使う前に、メールの仕組みについて簡単にお話しておきましょう。

　メールは、プロバイダにあるメールサーバー（SMTPサーバー）でやりとりされます。例えば、瀬戸君がわんわん先生にメールを送る場合、瀬戸君の出したメールは、まず自分のプロバイダ（パンダ社）のメールサーバーへと送られます。プロトコル は、「SMTP」を使います。

　パンダ社のメールサーバーは、メールアドレスを見て、相手（オオカミ社）のメールサーバーにメールを転送します。オオカミ社のメールサーバーは「誰宛なのか」を判断し、わんわん先生の保存領域に保存します。

　ユーザーは、パソコンのメールソフトを使って、保存領域にメールを取りに（受信しに）行きます。この時に使われるプロトコルが「POP3」「IMAP4」です。

　つまり、メールの送信時は「SMTP」、受信時は「POP3」「IMAP4」を使うため、UiPathのアクティビティとしても、それらが用意されています。

　このアクティビティを使えば、UiPathから直接、送受信ができます。メールを送ったり、受け取る画面さえ開きません。便利そうでしょう？

＊**プロトコル**　通信のお約束ごと。

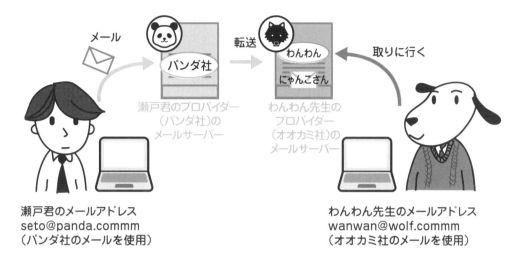

> 瀬戸君がわんわん先生に
> メールを送る場合

メールの仕組み

メール　転送　取りに行く

パンダ社

わんわん
にゃんこさん

瀬戸君のプロバイダー
（パンダ社）の
メールサーバー

わんわん先生の
プロバイダー
（オオカミ社）の
メールサーバー

瀬戸君のメールアドレス
seto@panda.commmm
（パンダ社のメールを使用）

わんわん先生のメールアドレス
wanwan@wolf.commmm
（オオカミ社のメールを使用）

メールの仕組み

　ちょっと難しかったでしょうか。簡単に言えば、送信する時に使うプロトコルがSMTPで、受信する時に使うプロトコルがPOP3やIMAP4ということです。

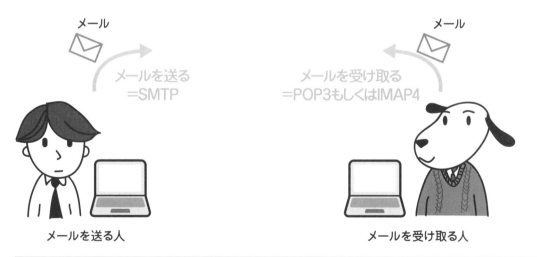

メール　メール

メールを送る
=SMTP

メールを受け取る
=POP3もしくはIMAP4

メールを送る人　メールを受け取る人

送信はSMTP、受信はPOP3やIMAP4

Chapter
6

●パソコン上でメールを操作するソフトがメーラー

いつもメールを送る時に、どのようなソフトウェアを使っているでしょうか。有名なのは、Officeスィートに入っているOutlookや、オープンソースのMozilla Thunderbirdでしょうか。グループウェアや、ジャストシステム社のShurikenを使っている人も多そうですね。

こうしたパソコン上でメールを操作するソフトを**メーラー**と言います。受信したメールは、ダウンロードされ、パソコン内に保存されます。受信にPOP3を使用する場合、サーバーにメールを残すか、削除するかという設定ができます。

サーバーにメールが残っている限りは、何度でも受信（ダウンロード）できますが、削除する設定になっている場合は、メールを再受信できません。この設定も、重要ですから、よく覚えておいてください。

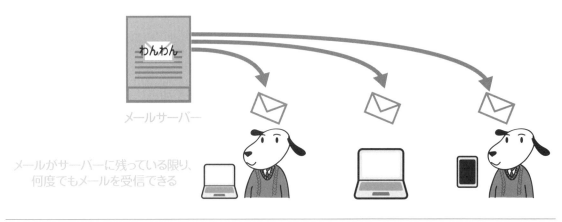

サーバーにメールが残っていれば、何度でも受信できる

●メールアクティビティパッケージの種類

メールを操作するには、アクティビティパッケージが必要です。**メールアクティビティパッケージ**（UiPath.Mail.Activities）は、アクティビティパネルの［アプリの連携］に格納されています。

含まれる主なアクティビティは、メーラーやメールプロトコルごとに用意されています。

SMTP、POP3、IMAPは、メールの送受信に関わるアクティビティです。Exchange、IBM Notes、Outlookは、メーラーを操作できます。SMTP、POP3、IMAPの場合は、特定のメーラーは使用せず、UiPathが直接サーバーとやりとりします。

Exchange、IBM Notes、Outlookの場合は、メーラーの設定を利用するので、わざわざ設定することなく、現在のメーラーの環境をそのまま使えます。

※ **保存されます**　IMAP4を使っている場合は、ダウンロードされないこともあります。
※ **設定**　IMAP4の場合は、サーバーを直接操作するため、メーラー上で削除すると、サーバー上も削除されます。

148

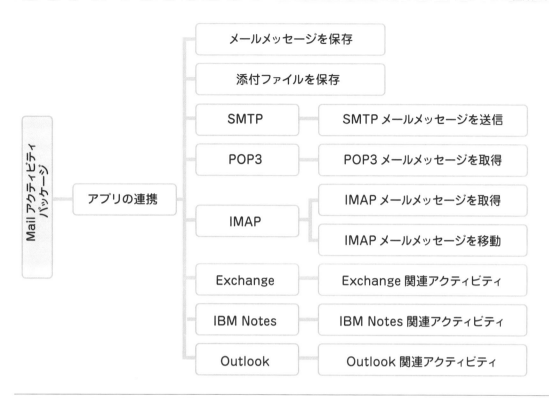

Mail アクティビティ
パッケージ

メールアクティビティパッケージの種類

●アクティビティの用途

　メールアクティビティパッケージには、メールを操作するアクティビティがいろいろ用意されています。すべて［アプリの連携］に格納されています。

●メールに関連するアクティビティ（アプリの連携）

　指定したフォルダーにメールメッセージを保存したり、添付ファイルを保存するアクティビティが用意されています。

Chapter
6

▼メールに関連するアクティビティ

アクティビティ名	内容
メールメッセージを保存	指定したフォルダーにメールメッセージを保存。フォルダーが存在しない場合は作成される。フォルダーを指定しない場合は、プロジェクトフォルダーにダウンロードしたものが保存される。指定したフォルダーにあるファイルのうち、メッセージと同じ名前を持つものは上書きされる
添付ファイルを保存	指定したフォルダーにメールメッセージの添付ファイルを保存する。フォルダーが存在しない場合は作成される。フォルダーを指定しない場合は、プロジェクトフォルダーにダウンロードしたものが保存される。指定したフォルダーにあるファイルのうち、添付ファイルと同じ名前を持つものは上書きされる

SMTP（アプリの連携）

　メール送信方式のアクティビティです。受信には、IMAP4、もしくはPOP3が使われます。送信に関する役割を担うので、送信に関するアクティビティのみです。

▼SMTPのアクティビティ

アクティビティ名	内容
SMTPメールメッセージを送信	SMTPプロトコルを使用して、メールメッセージを送信する

POP3（アプリの連携）

　メール受信方式のアクティビティです。メールはサーバーからパソコン側にダウンロードされます。受信と同時にサーバーからはメールを削除することが多いです。送信はSMTPにて行われます。アクティビティは、受信に関するもののみです。

▼POP3のアクティビティ

アクティビティ名	内容
POP3メールメッセージを取得	指定されたサーバーからPOP3メールメッセージを取得する

IMAP（アプリの連携）

　メール受信方式のアクティビティです。送信はSMTPにて行われます。サーバーを直接操作する方式なので、ユーザーは、その都度、サーバーを直接見に行く形となります。メーラーの設定により、パソコン内へのダウンロードも行われます。Gmailなどで主に使用されています。IMAP4は、サーバー上に仕訳フォルダーを作ることができるので、受信とフォルダー移動の2つのアクティビティがあります。

▼IMAPのアクティビティ

アクティビティ名	内容
IMAPメールメッセージを取得	指定されたサーバーからIMAP4メールメッセージを取得する
IMAPメールメッセージを移動	IMAP4メールメッセージを指定されたフォルダーに移動する

●Exchange（アプリの連携）

　マイクロソフト社製のExchangeを使用したメール送受信環境のアクティビティです。ユーザー規模が大きい企業で主に使われることが多いです。

▼Exchangeのアクティビティ

アクティビティ名	内容
Exchangeスコープ	Exchangeに接続し、ほかのExchangeアクティビティのスコープを指定する
Exchangeメールメッセージを削除	Exchangeメールメッセージを削除する
Exchangeメールメッセージを取得	Exchangeからメールメッセージを取得する
Exchangeメールメッセージを移動	メールメッセージをExchangeから別のフォルダーに移動する

●IBM Notes（アプリの連携）

　アイビーエム社製のNotesを使用したメール送受信環境のアクティビティです。一定規模の企業で主に使われることが多いです。日本では、ユーザーがやや少ないかもしれません。

▼IBM Notesのアクティビティ

アクティビティ名	内容
IBM Notesメールメッセージを削除	Notesメールメッセージを削除する
IBM Notesメールメッセージを取得	Notesからメールメッセージを取得する
IBM Notesメールメッセージを移動	メールメッセージをNotesから別のフォルダーに移動する
IBM Notesメールメッセージを送信	Notesからメールメッセージを送信する

●Outlook（アプリの連携）

　マイクロソフト社製のOutlookを使用したメール送受信環境用のアクティビティです。Outlookを仲介してメール機能を利用することができます。この場合、Outlookに設定されたメール環境を利用するので、IMAPやExchange、POP3などを意識しないでUiPathでメール利用できる利点があります。Outlook限定ですが、メール送受信のほか、返信やフォルダー移動のアクティビティがあります。

▼Outlookのアクティビティ

アクティビティ名	内容
Outlookメールメッセージを返信	Outlookからメールメッセージを返信する
Outlookメールメッセージを取得	Outlookからメールメッセージを取得する
Outlookメールメッセージを移動	Outlookメールメッセージを指定されたフォルダーに移動する
Outlookメールメッセージを送信	Outlookからメールメッセージを送信する

2 メール設定の確認

メールって難しそうですが、僕でもできる
でしょうか？ 不安しかありません

一見、大変そうですが、そこまで難しくな
いですよ！

メールのアクティビティを使うには、いくつか調べておくべき設定情報があります。普段のメー
ラーでも最初に設定しますね。会社のメールを使用する場合は、くれぐれも慎重に。

●メールの設定を確認してみよう

メールの送信を行うには、メールの設定が必要です。パソコンで最初にメールを送る時にも設定しますね。
今回、メーラー（メールを送るソフト）は使わず、直接設定情報を使って、送信します。

設定情報は、プロバイダから来ている資料やWebサイト※でわかります。すでにメーラーを使っているの
であれば、メーラーの設定情報を見ると、パスワード以外はわかります。

同様の内容は、プロバイダのWebサイト内を「メール　設定」などで検索すると、見つけられることが多いです。

●メールの送受信に関わる設定

プログラミングしながらメールの設定を探すと大変なので、あらかじめ送受信に関わる情報を集めておき
ましょう。情報の呼び名は、プロバイダやメーラーによって異なります。

また、サーバーやポート番号などの情報は、そのプロバイダを使用しているユーザー共有の情報なので、
Webサイトなどに公開されていますが、アカウントやパスワードなどはユーザー個人の情報です。マイペー
ジなどにログインするか、契約時に渡された資料を確認してください。

● サーバー（送信）

送信（SMTP）メールサーバーのアドレスを設定します。プロバイダやネットワーク管理者から指定され
たアドレスを「"」で囲って入力します。IBM NotesやOutlookアクティビティには、この項目はありませ
ん。Exchangeアクティビティは［接続］➡［サーバー］が同じ意味合いとなります。

※ **Webサイト** 会社のメールを使用する場合は、情報システム課や電算室など、担当部署に相談をしましょう。

▼サーバーログインに関わる項目

項目	設定値の例	プロバイダでの呼び名
パスワード	*******など	パスワード
メール	tyrannosaur や tyrannosaur@ dinosaurmailll.ne.jpなど	メールアドレスやID、アカウント名、ユーザー名など

● ポート（送信）

SMTPメールサーバーのポート番号を指定します。ここは「"」を使用せず、数字のみ入力します。

プロバイダやネットワーク管理者から指定された数字を入力しますが、多くの場合「465」「25」もしくは「587」などを指定します。

▼送信に関わる項目

項目	設定値の例	プロバイダでの呼び名
サーバー	example.dinosaurmailll.ne.jp や smtp.dinosaurmailll.ne.jpなど	送信メールサーバー、SMTPサーバー、ホスト名など
ポート番号	465や587など	ポート番号

● サーバー（受信）

POP3メールサーバーのアドレスを設定します。プロバイダやネットワーク管理者から指定されたアドレスを「"」で囲って入力します。

IBM NotesやOutlookアクティビティには、この項目はありません。Exchangeアクティビティは［接続］➡［サーバー］が同じ意味合いとなります。

● ポート（受信）

POP3メールサーバーのポート番号を指定します。ここは「"」を使用せず、数字のみ入力します。

プロバイダやネットワーク管理者から指定された数字を入力しますが、多くの場合「995」「110」などを指定します。

▼受信に関わる項目

項目	設定値の例	プロバイダでの呼び名
サーバー	example.dinosaurmailll.ne.jp や pop3.dinosaurmailll.ne.jpなど	受信メールサーバー、POP3サーバー、ホスト名など
ポート番号	110など	ポート番号

● パスワード

メールサーバーにアクセスするためのパスワードです。「"」で囲います。Outlookアクティビティには、この項目はありません。IBM Notesでは［入力］➡［パスワード］、Exchangeアクティビティでは［ログオン］➡［パスワード］がおおよそ同じ意味合いとなります。

Chapter 6

メール

メールサーバーにアクセスするためのアカウントです。プロバイダやネットワーク管理者から指定されたものを入力します。「"」で囲います。

IBM NotesやOutlookアクティビティには、この項目はありません。Exchangeアクティビティでは［ログオン］ ➡ ［ドメイン］と［ユーザー］が同じ意味合いとなります。

●POP3での受信

POP3の場合、受信したメールをサーバーに残すかどうかを選択できます。

メールサーバーにメールが残っていれば、何回でも受信できますが、消してしまうと、その後に別のパソコンやメーラー（メールを受信するソフト）でアクセスしても、メールは受信できません。

例えば、UiPathが先に受信して、メールを消してしまうと、OutlookやThunderbirdなどのほかのメーラーでアクセスしても、メールを受信できません。逆に、OutlookやThunderbirdで受信して、メールが消える設定になっていると、今度はUiPathで受信できません。

では、メールを残しておけば良いかと言うと、そうでもなく、メールがどんどんたまって、サーバーの容量を圧迫したり、UiPathで同じメールを何度も処理することになります。

お勧めする解決方法は、受信したメールを、別のアドレスに転送し、UiPathで操作する専用のメールアドレスを作って運用することです。別のアドレスへの転送を複写の形で行えば、メーラーでもUiPathでも受信できますし、サーバーにメールが残ることもありません。

どのような形にするかは、管理している部署や社内の詳しい人と必ず相談しましょう。

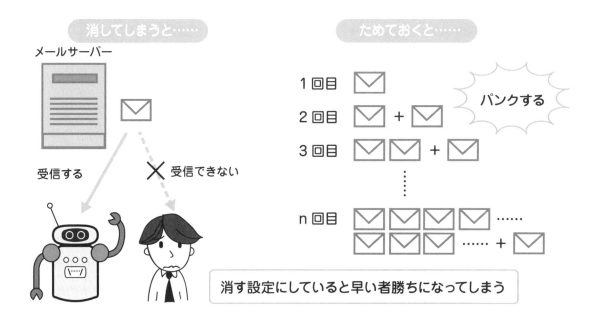

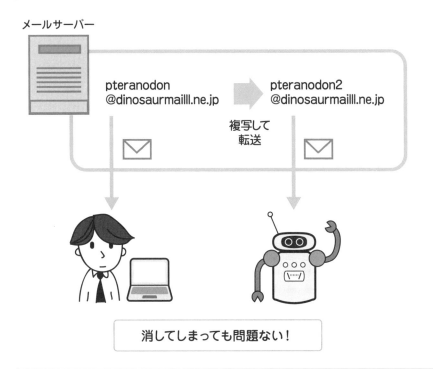

メールサーバー

pteranodon
@dinosaurmailll.ne.jp

複写して
転送

pteranodon2
@dinosaurmailll.ne.jp

消してしまっても問題ない！

受信したメールをサーバーに残すかどうか

●実験用のメールアドレスを用意しよう

　普段、仕事で使用しているメールアドレスをUiPathでの実験に使用してしまうと、どんな事故があるかわかりません。UiPathを使用する環境にもよりますが、最初は、実験用アドレスを作って使用しましょう。

　メールアドレスは、職場の権限のある人にお願いして発行してもらうのも良いですが、Gmailを使う方法もあります。Gmailは、一人で複数のアカウントを所持することが可能です。スマホでも、複数のメールを読めるようになっています。

　Gmail以外にも、メーラーで送受信できるメールアドレスであれば、実験用アドレスとして使えるので、個人のプロバイダのサブメールアドレスを使用したり、Outlook.comなど他のフリーメールで対応しているものを探すのも良いですね。

Chapter
6

●Gmailの設定情報

Gmailを使用する場合は、以下の情報を使用します。

▼受信に関する情報（POP3）

項目	内容
受信メール（POP）サーバー	pop.gmail.com
SSL	使用する
ポート	995

▼送信に関する情報（SMTP）

項目	内容
送信メール（SMTP）サーバー	smtp.gmail.com
SSL	使用する
TLS	使用する
認証	使用する
TLS／STARTTLSのポート	587

▼ログインに関する情報

項目	内容
氏名または表示名	氏名
アカウント名、ユーザー名、メールアドレス	メールアドレス
パスワード	Gmailのパスワード
認証	使用する
TLS／STARTTLSのポート	587

3 メールの送信

ちょっとずつメールの用語がわかってきました

まずは簡単なものから慣れていきましょうね！

メールのアクティビティパッケージを使用してみましょう。メールのアクティビティパッケージには、直接、メールを送受信するものと、メーラーを仲介するものがあります。

●メールを送信してみよう

　最初のメールのアクティビティは、メールを送信するものとしましょう。今回の内容は、自分の環境に合わせて変更しても構いませんが、くれぐれもメールの取り扱いには注意してください。誤ったメールアドレスに送信してしまったり、大量にメールを送るようなことのないようにしましょう。実行の前にもう一度、ロボットの止め方（F12キーを押す）も確認しておいてください。

● プログラミングの内容

❶ ［SMTPメールメッセージを送信］を組み込む。
❷ プロパティパネルに必要な情報を入力する。

▼やりたいことと実際の動作

やりたいこと	実際の動作
メールを送信する	SMTPアクティビティを使用してメールを送信する

● 使用するアクティビティ

［アプリの連携］ ➡ ［メール］ ➡ ［SMTP］ ➡ ［SMTPメールメッセージを送信］

●プロジェクトを作る（メールを送信する）

それでは、メールを送信するプロジェクトを作ります。

事前準備として、新規に［06メールを送信する］のプロジェクトを作成し、開いておきます。

▼プロジェクトの名前と保存場所

名前	場所	説明
［06メールを送信する］	デフォルト値（C:¥Users¥ユーザー名¥Documents¥UiPath）	あらかじめ指定した内容のメールを送信する

❶ ［SMTPメールメッセージを送信］アクティビティをドラッグ＆ドロップする

［アプリの連携］ ➡ ［メール］ ➡ ［SMTP］ ➡
［SMTPメールメッセージを送信］をドラッグし、
デザイナーパネルにドロップします

❷必要な情報を入力する

以下の情報を［SMTPメールメッセージを送信］
のプロパティパネルに入力します

▼プロパティパネルに入力する情報

項目名	入力する内容
［ホスト］➡［サーバー］	SMTPメールサーバーのアドレスを「"」で囲って入力する
［ホスト］➡［ポート］	SMTPメールサーバーのポート番号を指定する。多くの場合「25」もしくは「587」
★［メール］➡［件名］	送信メールの件名。「"」で囲む。本章では「"UiPathテスト"」とする
★［メール］➡［本文］	送信メールの本文。「"」で囲む。本章では「"UiPath送信テストです"」とする
［ログオン］➡［パスワード］	メールサーバーにアクセスするためのパスワード。「"」で囲む
［ログオン］➡［メール］	メールサーバーにアクセスするためのアカウント。「"」で囲む
★［受信者］➡［宛先］	メールの宛先。ここでは練習なので、自分自身宛に設定する
［送信者］➡［名前］	送信者の名前。「"」で囲む（空欄も可）
［送信者］➡［送信元］	送信者のメールアドレス。「"」で囲む

　なお、★マークで示した「宛先」「件名」「本文」に関しては、プロパティパネルよりもアクティビティのほうが入力しやすいです。

❸ プロジェクトができる

❹ プロジェクトを保存して、実行する

① デザインリボンの [保存] をクリックし、プロジェクトを保存します

② [ファイルをデバッグ] ➡ [実行] ボタンをクリックします

　プロジェクトを保存して実行すると、設定された内容でメールが送信されます。今回は自分自身宛に送信したので、自分のメールソフトで確認してみましょう。

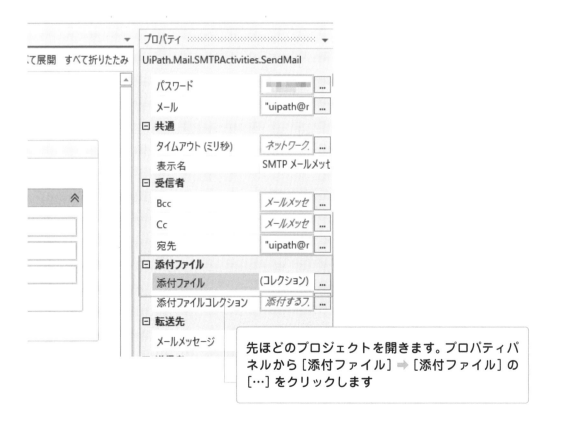

●プロジェクトを作る（添付ファイルをつけてメールを送信する）

続けて、添付ファイルをつけて送信してみましょう。

❺ ［引数の作成］の部分をクリックする

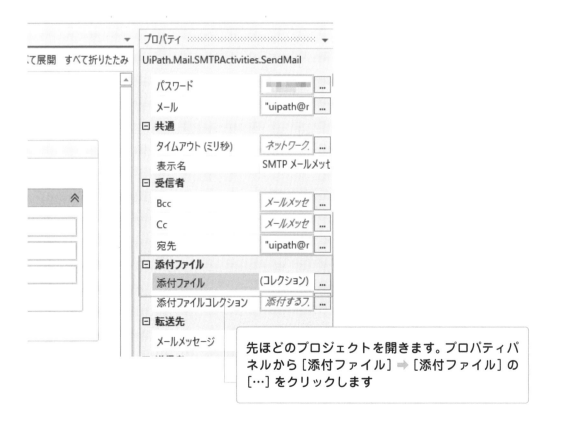

> 先ほどのプロジェクトを開きます。プロパティパネルから［添付ファイル］⇒［添付ファイル］の［…］をクリックします

[添付ファイル] 画面が表示されます。[引数の作成] をクリックします

⑥ [VBの式を入力してください] の部分をクリックする

[値] の [VBの式を入力してください] の部分をクリックします

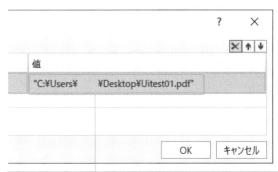

添付するファイルのフルパスを「"」で囲みながら入力し、[OK] ボタンをクリックします

❼プロジェクトができる

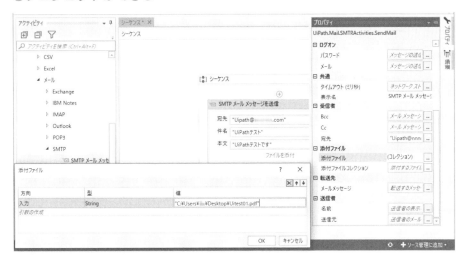

❽プロジェクトを保存して、実行する

② ［ファイルをデバッグ］➡［実行］
ボタンをクリックします

① デザインリボンの［保存］をクリックし、
プロジェクトを保存します

　プロジェクトを保存して実行すると、設定された内容でメールが送信されるので、メールソフトで受信して添付ファイルがあることを確認します。

メールの受信

4

送信ができるということは、受信もできる
のでしょうか？　あったら便利そうです

もちろん、受信もできますよ！

メールの送信ができたところで、メールの受信をしてみましょう。メールの受信は、送信に比べていくつか注意事項があります。できれば、UiPathで試すための専用のメールアドレスを用意するとよいでしょう。

●メールを受信してみよう

今度は、UiPathを使ってメールを受信してみましょう。メールの受信については、メールサーバーの種類によっていくつかの方法がありますが、今回はPOP3アクティビティを使用して、テストメールを受信します。

なお、サーバーのメール削除は、6-2節の注意事項をよく読み、慎重に行ってください。

プログラミングの内容
① [POP3メールメッセージを取得] を組み込む。
② プロパティパネルに必要な情報を入力する。
③ [メールメッセージを保存] を組み込む。
④ [メールメッセージを保存] の入力欄に情報を記述する。

▼やりたいことと実際の動作

やりたいこと	実際の動作
メールを受信する	POP3アクティビティを使用してメールを受信する
メールを1通ずつ保存する	メールメッセージを保存を使用してメールを保存する

使用するアクティビティ

[アプリの連携] ➡ [メール] ➡ [POP3] ➡ [POP3メールメッセージを取得]
[アプリの連携] ➡ [メール] ➡ [メールメッセージを保存]

●**使用する変数**

　今回、[出力]の部分に、「maildata」という変数を入力します。変数の入力方法について忘れている場合は、2-3節を確認しましょう。

　この変数がなぜ必要かと言うと、[POP3メールメッセージを取得]で、取得したメールは、すべてのメールデータが丸ごと入っているからです。しかし、メールは1つずつ扱いたいものですから、このままでは困ります。

　そのため、いったん、「maildata」という変数に入れ、1つずつ取り出す形にします。取得したメールとなる「maildata」はコレクション*と呼ばれるタイプの変数で、メールが1通ずつ連なり、全体として1つの変数となる構成をとります。

　例えば、車両が連なった電車を想像してください。1両1両が各メールとなり、連結された電車全体がmaildataとなります。

▼使用する変数

変数	内容
maildata	取り込んだメールの全データ。POP3メールメッセージの取得アクティビティ設定にて Ctrl + K キーで作成する

●プロジェクトを作る（メールを受信する）

　まず、事前準備として、次の3つの手順を実行してください。

❶**新規に[06メールを受信する]のプロジェクトを作成し、開いておきます。**

▼プロジェクトの名前と保存場所

名前	場所	説明
[06メールを受信する]	デフォルト値（C:¥Users¥ユーザー名¥Documents¥UiPath）	指定したメールボックスからメールを受信する

❷**メール受信用にデスクトップに、「mailfolder」フォルダーを作っておきます。**
❸**メールを受信するために、メールを1通だけ出しておきます。**

　メールを受信するにあたり、サーバーにメールを残す設定にしていると、サーバーに存在するすべてのメールを受信することになります。これでは時間がかかってしまうので、サーバーのメールを残さない設定になっているメールアドレスを使うか、UiPath実験専用のメールアドレスを使用してください。

　そして、サーバーに保存されているメールが少ない状態で、ほかのメールアドレスから送信、もしくは6-2節で作成した[メールを送信する]プロジェクトを開いて実行します。これにより、メールサーバーに新しいメールが受信された状態になります。送信した後は、ほかのメーラーで受信しないように注意してください。

---

* **コレクション**　プログラム経験者であれば配列という呼び方でお馴染みですね。

保存後、[ホーム]でホーム画面に戻り、[閉じる]
ボタンをクリックして[06メールを受信する]の
プロジェクトを一度閉じます

6-2節で作成した[06メールを送信する]
プロジェクトを開きます

[ファイルをデバッグ] ⇒ [実行] ボタンをクリックしてテストメールを送信します

それでは、UiPath Studioでプログラミングをしていきましょう。

❶ ［POP3メールメッセージを取得］アクティビティをドラッグ＆ドロップする

［アプリの連携］➡［メール］➡［POP3］➡
［POP3メールメッセージを取得］をドラッグし、
デザイナーパネルにドロップします

❷ プロパティパネルに必要な情報を入力する

❶ アクティビティをクリックし、プロパティパネルに必要な情報を入力します

❷ ［出力］➡［メッセージ］には、変数「maildata」を設定します。変数は、入力欄をクリックし、Ctrl＋Kキーを押してから入力します

プロパティパネルに入力する情報は、下記のようになります。

▼プロパティパネルに入力する情報

項目名	入力する内容
[オプション] ➡ [メッセージを削除]	本練習ではチェックを入れない
[オプション] ➡ [上限数]	30
[その他] ➡ [プライベート]	チェックを入れない
[ホスト] ➡ [サーバー]	受信メールサーバーのアドレスを入れる。プロバイダや社内の管理者から指定されたアドレスを「"」で囲って入力する
[ログオン] ➡ [パスワード]	メールサーバーにアクセスするためのパスワード。「"」で囲む
[ログオン] ➡ [メール]	メールサーバーにアクセスするためのアカウント。プロバイダやネットワーク管理者から指定されたものを入力する。「"」で囲む
[出力] ➡ [メッセージ]	メールボックスからメールデータを受け取った後のデータ格納先となる変数を指定する。Ctrl + K キーを押して変数設定モードにし、本書では「maildata」と名付けた変数を設定する

❸ [メールメッセージを保存] アクティビティをドラッグ＆ドロップする

[アプリの連携] ➡ [メール] ➡ [メールメッセージを保存] アクティビティを [POP3メールメッセージを取得] の下にドラッグ＆ドロップします

なお、必ず同じシーケンス内にセットしてください。シーケンスの外に設定すると、先ほどの変数 [maildata] が呼び出せなくなり、エラーとなります。

④［メールメッセージを保存］の入力欄に入力する

［メールメッセージを保存］の上下の入力欄に、
次の表のように入力します

▼入力する内容

位置	入力内容	説明
上段	maildata(0)	保存するメールデータをコレクションから指定します。コレクションは「maildata」で、メールデータは「maildata(数字)」で指定します。数字は、0が最新のものを表すので、ここでは「maildata(0)」を入力します（変数なので「"」で囲みません）
下段	"C:¥Users¥ユーザー名¥Desktop¥mailfolder¥mail.eml"	指定したメールデータを保存する場所とファイル名を指定します。指定は「"」で囲む必要があります。ファイル名のファイル拡張子は「eml」を指定する必要があります。このファイル形式はOutlookやWindowsメールで開くことができます。 ここでは［0］事前準備で用意したフォルダーの中にmail.emlで保存するので、このように入力します

⑤プロジェクトができる

⑥プロジェクトを保存して、実行する

② ［ファイルをデバッグ］ → ［実行］
ボタンをクリックします

① デザインリボンの ［保存］ をクリックし、
プロジェクトを保存します

⑦テストメールを受信する

保存後、［06 メールを送信する］ のプロジェクトを閉じます

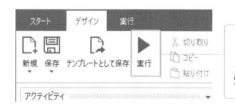

［06 メールを送信する］ プロジェクトを開き、
［実行］ ボタンをクリックしてテストメールを
受信します

受信すると指定したフォルダーに
「mail.eml」ができています

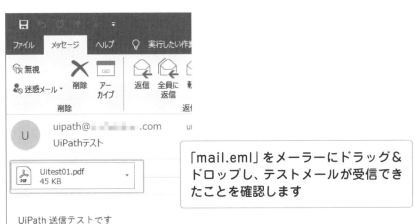

「mail.eml」をメーラーにドラッグ＆
ドロップし、テストメールが受信でき
たことを確認します

●すべてのメールを受信してみよう

先ほどのプロジェクトでは、指定したメール（「maildata(0)」で最新のメール）1通のみの受信でしたが、全件を取得する方法も実行してみましょう。

●使用するアクティビティ

［アプリの連携］➡［メール］➡［メールメッセージを保存］
［ワークフロー］➡［コントロール］➡［繰り返し（コレクションの各要素）］
［ワークフロー］➡［制御］➡［待機］

●知っておきたい構文と概念

1通だけ取得した時と同じように、メールをフォルダーに保存しますが、今回は各データを1通ずつ保存するため、工夫が必要です。同じ名前にすると、上書きしてしまいますからね！

まず、上段の入力欄に入力する取り出すメールの指定は、前回最新のメールとして指定した

Chapter
6

171

[maildata(0)] の代わりに、各メールを示す要素 [item] を指定します。

上下の入力欄に、次の表のように入力します

▼入力する内容

位置	入力内容
上段	item
下段	"C:¥Users¥ユーザー名¥Desktop¥mailfolder¥mail"& Now.ToString("yyyyMMddHHmmss") & ".eml"

ファイル名を1通ずつ別名にするために、年月日時分秒をファイル名につけることにしましょう。

下段の「保存するファイル名」には、年/月/日/時/分/秒を取得する変数「Now.ToString("yyyyMMddHHmmss")」を入れます。( )内の「yyyyMMddHHmmss」は、大文字小文字に意味がありますので、間違えないようにしてください。

この変数を、保存場所のパスと連続して記述します。変数を設定する時は、変数を入れたい部分の前で一度「"」を閉じ、文字結合記号「&」を入れて変数を入力し、再び「&」を入れ、その後ろに「"」で囲った固定部分を追加します。

フォルダの指定は、""で囲む   拡張子の指定も""で囲む

"C:¥Users¥ユーザー名¥Desktop¥mailfolder¥mail" & Now.ToString("yyyyMMddHHmmss") & ".eml"
　　　　　フォルダのパス　　　　　　　　　　　　　　　　ファイル名(日付を付ける)

下段に入力した情報の意味

ただし、この方法では、1秒間に2回以上メールを保存すると同じファイル名となり、上書きされてしまうので、メッセージ保存後1秒待機して、次の保存を行うようにします。

[待機] アクティビティを使えば、待機する時間を設定できるので、「00:00:01」と入力し、1秒待つ設定にしておくと良いでしょう。

② ［待機時間］に「00:00:01」を設定します

① ［待機］アクティビティをドラッグ＆ドロップします

●プロジェクトを作る（すべてのメールを受信する）

以下の手順は、❼でテストメールを受信した後の続きです。

❽ ［繰り返し（コレクションの各要素）］アクティビティをドラッグ＆ドロップする

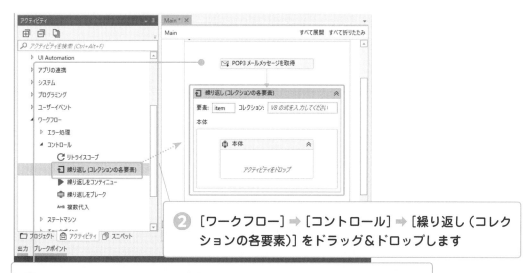

② ［ワークフロー］→［コントロール］→［繰り返し（コレクションの各要素）］をドラッグ＆ドロップします

① ［POP3メッセージを取得］の下にある［メールメッセージの取得］アクティビティを一度、削除します

❾ [コレクション] に変数を入れ、[TypeArgument] を設定する

アクティビティの [コレクション] に先ほどの変数
「maildata」を入れます

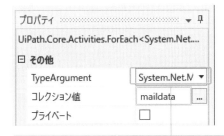

プロパティパネルの [その他] ➡ [TypeArgument] の右側にある [▼] を
クリックし、System.Net.Mail.MailMessage にします

なお、リストにない時は [型の参照] をクリックし、[型の名前] から検索して選択します。

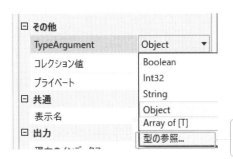

ない場合は、[型の参照] をクリックします

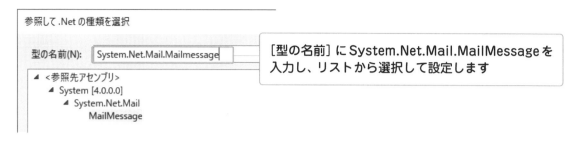

[型の名前] に System.Net.Mail.MailMessage を入力し、リストから選択して設定します

⑩ [メールメッセージを保存] アクティビティをドラッグ＆ドロップする

[アプリの連携] ➡ [メール] ➡ [メールメッセージを保存] アクティビティを [本体] の中にドラッグ＆ドロップします

⑪ [メールメッセージを保存] の入力欄にメールと保存先ファイルパスを指定する

[メールメッセージを保存] の入力欄に、次の表のように入力します

▼入力する内容

位置	入力内容
上段	item
下段	"C:¥Users¥ユーザー名¥Desktop¥mailfolder¥mail" & Now.ToString("yyyyMMddHHmmss") & ".eml"

Chapter
6

175

⑫ 保存時間を調整する

① ［ワークフロー］➡［制御］➡［待機］アクティビティを
［メールメッセージを保存］の下にドラッグ＆ドロップ
します

② プロパティパネルの［その他］➡［待機時間］で
「00:00:01」と入力し、1秒待機する設定にします

⑬プロジェクトができる

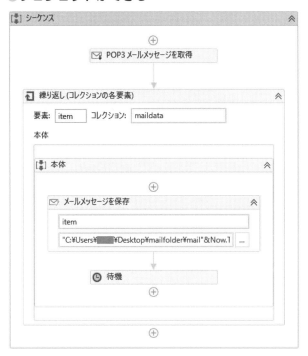

⑭プロジェクトを保存して、実行する

❶ デザインリボンの［保存］をクリックし、
プロジェクトを保存します

❷ ［ファイルをデバッグ］➡［実行］
ボタンをクリックします

プロジェクトを保存して実行すると、フォルダーにメールが受信されるので、確認します。

これでメールサーバー上のメールをすべて自動保存する処理が完了しました。

ただし、本プロジェクトでは、処理をするたびにメールサーバー上の全メールを保存するため、メールサーバー上のメールを消さない限り繰り返し同じメールが保存されることになります。

それを避けるには、[POP3メールメッセージを取得] の [オプション] ➡ [メッセージを削除] にチェックを入れることで、メールサーバー上のメールが削除され、重複取得がなくなります。

なお、普段使用しているメールソフトでメールを取得する前にこの処理が行われてしまうと、メールソフトで取得できなくなるので、ご注意ください。

●プロジェクトを作る（添付ファイルのみ保存する）

先ほどのプロジェクトでは、メールを全件取得し、メールを丸ごとフォルダーに保存しましたが、今回は添付ファイルのみを保存する方法を説明します。

◈ 使用するアクティビティ

[ワークフロー] ➡ [コントロール] ➡ [繰り返し（コレクションの各要素）]
[アプリの連携] ➡ [メール] ➡ [添付ファイルを保存]

まず事前準備として、添付ファイル保存用にデスクトップに「attached」フォルダーを作っておきます。

⑮［添付ファイルを保存］アクティビティをドラッグ＆ドロップする

［アプリの連携］➡［メール］➡［添付ファイルを保存］アクティビティを［繰り返し（コレクションの各要素）］➡［本体］の中にドラッグ＆ドロップします

　なお、［本体］内であればどの位置でも構いません。また今回は前回の［メールメッセージを保存］も同時に行っていますが、添付ファイルの保存のみで良い場合は［メールメッセージを保存］アクティビティは削除しても構いません。

⑯入力欄に保存フォルダーのパス名などを入力する

［添付ファイルを保存］アクティビティの入力欄に、次の表のように入力します。上段は「"」なし、下段は「"」をつけます

▼入力する内容

位置	入力内容	説明
上段	item	コレクションの要素
下段	"C:¥Users¥ユーザー名¥Desktop¥attachedfiles"	保存フォルダーのパス

⑰プロジェクトができる

⑱プロジェクトを保存して、実行する

❶ デザインリボンの [保存] をクリックし、プロジェクトを保存します

❷ [ファイルをデバッグ] ➡ [実行] ボタンをクリックします

　指定したフォルダー内にメールに添付されている添付ファイルが保存されます。なお、添付ファイルが同名の場合、上書きされるため注意が必要です。

ブラウザーの操作を
自動化してみよう

ブラウザーのアクティビティパッケージの種類と用途

上司にネットで情報収集するように言われました。もしかして、これもUiPathでできませんか？

だんだん、わかってきたようですね。もちろん、できますよ！

ブラウザーのアクティビティを使ってみましょう。ブラウザーに関するアクティビティは、拡張機能とパッケージがありますが、今回は拡張機能やあらかじめ用意されたものを使用します。

●ブラウザーのアクティビティの種類と用途

UI Automationにある**ブラウザー**には、ブラウザーに関するアクティビティが用意されています。

▼UI Automationのアクティビティ

アクティビティ名	内容
JSスクリプトを挿入	UI要素に対応するWeb pageのコンテキストの中でJavaScriptコードを実行する
URLに移動	URLに移動する
ウェブ属性を設定	指定したウェブ属性を設定
タブを閉じる	タブを閉じる
ブラウザーにアタッチ	既に開いているブラウザーとアタッチし、その中で複数の操作を実施することを可能にするコンテナ。またこのアクティビティはウェブレコーダー使用時に自動で生成される
ブラウザーを更新	指定のブラウザー内で現在表示されているページを再読込する
ブラウザーを開く	指定のURLでブラウザーを開き、その中で複数のアクティビティを実行できるようにする
ホームに移動	ホームもしくはスタートページを開く
前に戻る	指定したブラウザーの履歴リストに戻る
次に進む	指定したブラウザーの履歴リストに進む

●Chrome拡張機能をインストールする

Google ChromeやMozilla Firefoxを使用する場合は、使用前に拡張機能をインストールする必要があります。

WindowsのデフォルトのwebブラウザーであるEdgeは、拡張機能を入れることなく操作できます（Edgeを操作するには、UI Automationパッケージの「v18.4.4」以降を使う必要があります）。

❶［ホーム］を開く

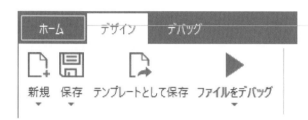

メニューから［ホーム］を開きます

❷［Chrome拡張機能］をクリックする

［ツール］ ➡ ［Chrome拡張機能］をクリックします

❸ メッセージが表示される

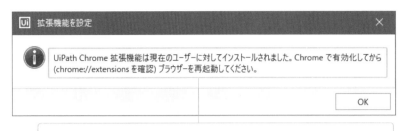

拡張機能を有効化するように促すメッセージが表示されます

❹ [拡張機能を有効にする] ボタンをクリックする

Google Chromeを開くと、ポップアップする
メッセージが表示されます。[拡張機能を有効に
する] ボタンをクリックします

2 ブラウザーの起動

使うブラウザーは、どのようなものでもよいのでしょうか？

有名なブラウザーには、ほとんど対応していますよ！

ブラウザー操作の基本として、URLを指定してブラウザーを開くプロジェクトを作ってみましょう。本書では、マイクロソフト社のInternet Explorerを使用しますが、ChromeやEdge、FireFoxでも可能です。

●ブラウザーを起動してみよう（Internet Explorer）

　ブラウザーを起動してみましょう。今回使用するブラウザーはInternet Explorerです。ほかのブラウザーを使用する場合は、拡張機能を入れてください。

● プログラミングの内容

❶［ブラウザーを開く］を組み込む。
❷開きたいURLを指定する。

● 使用するアクティビティ

［Ui Automation］➡［ブラウザー］➡［ブラウザーを開く］

　それでは、UI Automationアクティビティを使って、Internet Explorerを起動してみます。

●プロジェクトを作る

それでは、Internet Explorerを開くプロジェクトを作ります。

事前準備として、新規に [07ブラウザーを開く] のプロジェクトを作成し、開いておきます。

▼プロジェクトの名前と保存場所

名前	場所	説明
[07ブラウザーを開く]	デフォルト値 (C:¥Users¥ユーザー名¥Documents¥UiPath)	指定したURLをブラウザーで開く

❶ [ブラウザーを開く] アクティビティをドラッグ＆ドロップする

[UI Automation] ➡ [ブラウザー] ➡ [ブラウザーを開く] をドラッグし、
デザイナーパネルにドロップします

❷入力欄にURLを入力する

[ブラウザーを開く] の入力欄にURL
の「"https://www.shuwasystem.
co.jp/"」を入力します

❸プロジェクトを保存して、実行する

❷ [ファイルをデバッグ] ➡ [実行]
ボタンをクリックします

❶ デザインリボンの [保存] をクリックし、
プロジェクトを保存します

プロジェクトを保存して実行すると、Internet Explorerが起動し、指定したURLが開かれます。

●Internet Explorer以外のブラウザーを使う

Internet Explorer以外のブラウザーを使う場合には、プロパティパネルの入力の［ブラウザーの種類］か
ら、使いたいブラウザーを選びます。

［ブラウザーの種類］で［Chrome］を選択します

なお、Internet Explorer以外のブラウザーでは、拡張機能が有効化されていないブラウザーを指定すると
下記のエラーが表示されます。その場合は、使用するブラウザーの拡張機能を有効化してください。

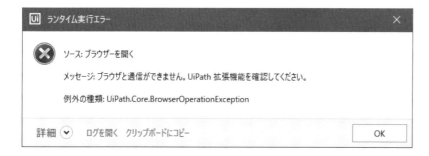

3 ブラウザーによる検索

検索もできるでしょうか？　自社に関する
噂話を定期的に検索したいです

検索もできますよ。まずは、簡単なものか
ら挑戦してみましょう！

ブラウザーで検索するプロジェクトを作ってみましょう。Webスクレイピングなどの情報収集
を行うには、検索が必須でしょう。まずは検索することに慣れてください。

●ブラウザーで検索してみよう

次に、ブラウザーの入力欄にキーワードを入力して検索する方法を紹介します。

●プログラミングの内容

①URLを指定してブラウザーを開く。
②検索欄に文字を入力する。
③［検索］ボタンをクリックする。

●使用するアクティビティ

UI Automation➡要素➡キーボード➡文字を入力
UI Automation➡要素➡マウス➡クリック

●プロジェクトを作る

それでは、秀和システムのホームページで「UiPath」というキーワードを検索するプロジェクトを作ります。

事前準備として、新規に[07ブラウザーで検索する]のプロジェクトを作成し、開いておきます。

また、7-2節を参考に、秀和システムのホームページを開く段階までプロジェクトを作成しておきます（ブラウザーは、任意のもので構いません。本書では、Google Chromeを使用して説明します。）

▼プロジェクトの名前と保存場所

名前	場所	説明
[07ブラウザーで検索する]	デフォルト値（C:¥Users¥ユーザー名¥Documents¥UiPath）	ブラウザーの検索欄を使用して検索する

❶ [文字を入力] アクティビティをドラッグ＆ドロップする

[UI Automation]➡[要素]➡[キーボード]➡[文字を入力]アクティビティをドラッグし、デザイナーパネルの[ブラウザーを開く]の中の[Do]にドロップします

❷秀和システムのホームページを開く

「要素を指定」（入力欄の位置をUiPathにインプット）するために、先に選択
したブラウザーで秀和システムのホームページを開いておきます

［ブラウザー内で要素を指定］リンクを
クリックします

❸検索欄をクリックする

ブラウザーの検索欄をクリックします

UiPath に登録されます

❹検索のキーワードを指定する

[文字入力] の入力欄に、検索の
キーワードとして"UiPath"と
入力します（「"」が必要です）

❺ [クリック] アクティビティをドラッグ＆ドロップする

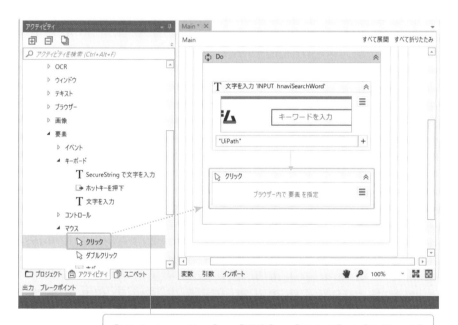

[UI Automation] ➡ [要素] ➡ [マウス] ➡ [クリック]
アクティビティを [Do] の中の [文字を入力] の後ろに
ドラッグ＆ドロップします

⑥ホームページ内の［検索］ボタンをクリックする

「要素を指定」（検索ボタンの位置をUiPathにインプット）するために、②と同様に［ブラウザー内で要素を指定］をクリックします

ホームページ内の［検索］ボタンをクリックします

［検索］ボタンをクリックするとUiPathに登録されます

⑦ プロジェクトができる

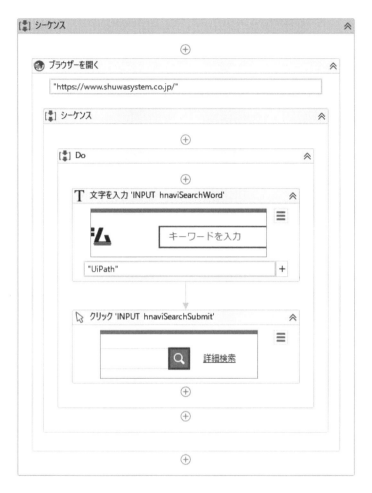

⑧ プロジェクトを保存して、実行する

❶ デザインリボンの[保存]をクリックし、
プロジェクトを保存します

❷[ファイルをデバッグ] ➡[実行]
ボタンをクリックします

実行すると、ブラウザーが起動し、自動で入力欄にキーワードを入力し、検索が実行されます。

入力欄のキーワードで検索が実行されます

請求書自動発行
プログラムを
作ってみよう

請求書自動発行プログラムの概要

複雑なプロジェクトを作成して、会社の業務を簡単にし、モテモテになりたいです！

組み合わせると、いろいろな業務が簡単になりますよ。モテモテは保証しませんが……。

アクティビティの使い方に慣れてきたでしょうか。ここからは、少し難しくなりますが、いくつかアクティビティを組み合わせたプロジェクトを作成します。

●請求書自動発行プログラムの仕組み

　この章からは、1つの章で、1つのプログラムを作ります。第8章で作成するのは、**請求書自動発行プログラム**です。

　請求先の会社一覧から会社名を取得し、その会社に対する売上を売上一覧で集め、Wordの請求書にし、さらにそれをPDFに変換します。複数の会社を宛先とする請求書を自動で作成できる便利なプログラムです。

　この先は、実践的内容に入るので、プログラムが長く、複雑になります。

　複数のExcelファイルやWordファイルからデータを読み込み、操作するので、自分がいま、どのファイルを扱うプログラムを書いているのか迷子にならないように、しっかりと意識しながら進めてください。

　特に、入れ子が多い構造の場合、慣れるまではプロジェクトの内容を紙に書き出すのもよいかもしれません。

　よくわからなかったら、次ページの図や次々ページの「作業の流れ」も確認しましょう。

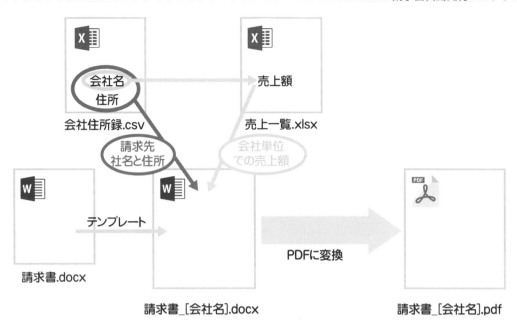

請求書自動発行プログラムの仕組み

●CSV、Excel、Wordを連携させる

　請求先の会社名と住所の書かれた**CSVファイル**（本書では「会社住所録.csv」）と、売上の入った**Excelファイル**（本書では「売上一覧.xlsx」）、および請求書のひな形となる**Wordファイル**（本書では「請求書.docx」）を組み合わせて請求書を自動的に作ります。

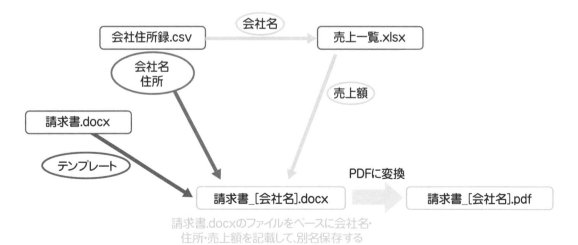

CSV、Excel、Wordを連携させる

作業の流れ

❶ 会社住所録から、会社名を抜き出し、その会社の請求金額を特定する

会社住所録.csv から会社名を読み込み、売上一覧.xlsx を、該当の会社名でフィルターをかけ、会社ごとに売上高を合計した請求額を集計します。

❷ Word で請求書に自動入力する

会社住所録と Excel から読み取ったデータを、請求書.docx に自動入力します。

❸ 会社ごとに請求書を作る

請求書.docx を請求書_[会社名].docx に書き換えて保存します。

❹ Word を PDF にする

Word を PDF に変換して保存します。

行われる作業の流れをまとめましたが、まだこのままでは、どのようにプログラムにするのか、見えづらいかもしれないですね。作業の流れを、さらに「具体的にどのような操作が必要か」に分解してみましょう。

▼やりたいことと実際の動作

やりたいこと	実際の動作
会社住所録.csv から会社名を読み込む	該当のCSVを読み込むように設定し、CSVファイルの会社名の欄を1行ずつ取り込むようにする。
売上一覧.xlsx を、該当の会社名でフィルターをかける	テーブルのフィルターを設定する。
会社ごとに売上高を合計した請求額を集計する	金額を集計する（Excel上で、金額を集計するように設定する）
会社住所録とExcelから読み取ったデータを、請求書.docx に自動入力する	請求書.docx ファイルに、会社名・住所・請求額を書き込む
請求書.docx を請求書_[会社名].docx に書き換えて保存する	請求書.docx を請求書_[会社名].docx に書き換えて保存する
Word を PDF に変換して保存する	Word を PDF に変換して保存する
複数の会社に対して同じ操作を行う	繰り返し処理を設定する

少し見えてきたでしょうか。ポイントは、すべての操作を UiPath で行わないことです。Excel のほうが得意なことは、Excel にまかせましょう。

ここでは、金額の集計は、Excel上で設定し、UiPath はその値を取得するだけにしています。

また、請求書を1から書き込んでいくのは手間がかかるので、テンプレートに会社名や請求金額を穴埋めのように記載し、別名保存することで対応しています。

●使用するアクティビティ

　使用するアクティビティを探しづらい場合は、検索すると良いでしょう。また、少し難しいアクティビティを次に説明しておきます。

●使用するアクティビティ（一覧）

［アプリの連携］➡［CSV］➡［CSVを読み込み］
［アプリの連携］➡［Excel］➡［処理］➡［Excelアプリケーションスコープ］
［プログラミング］➡［データテーブル］➡［繰り返し（各行）］
［アプリの連携］➡［Excel］➡［テーブル］➡［テーブルをフィルター］
［アプリの連携］➡［Excel］➡［処理］➡［範囲読み込み］
［アプリの連携］➡［Excel］➡［処理］➡［セルを読み込み］
［システム］➡［ダイアログ］➡［メッセージボックス］
［システム］➡［ファイル］➡［ワークブック］➡［ファイルをコピー］
［アプリの連携］➡［Word］➡［Wordアプリケーションスコープ］
［アプリの連携］➡［Word］➡［テキストを置換］
［アプリの連携］➡［Word］➡［PDFにエクスポート］

　個別では、次のようなアクティビティを使用します。

●繰り返し（各行）のアクティビティ

［プログラミング］➡［データテーブル］➡［繰り返し（各行）］

　2-6節で学んだループ処理とは、少し異なる処理です。コレクションに親となるデータを格納し、そこから要素を取り出します。例えば、今回であれば、全部の住所録データ（コレクション）の中から、1行ずつ（要素）を取り出します。
　本体には、取り出した要素を使って行いたい処理を入れます。

▼各項目の設定

項目	設定内容
コレクション	取り込んだ全データ
要素	コレクションからループ処理で取り出された1行分のデータ
本体	要素を使って行いたい処理

テーブルをフィルターのアクティビティ

[アプリの連携] [Excel] ➡ [テーブル] ➡ [テーブルをフィルター]

Excelに対し、テーブルをフィルターする処理を行うアクティビティです。

▼各項目の設定

項目	設定内容
Sheet	シートを指定する
テーブル名	テーブル名を指定する
列名	列名を指定する

●知っておきたい構文と概念

　知っておきたい**構文**と**概念**について、補足説明します。構文は、少し難しいかもしれません。その場合は、読み飛ばしてしまっても大丈夫です。いくつかプログラムを作るうちに、慣れてくればわかるようになりますから、「こんなものなのだなあ」とイメージをつかむくらいのつもりでいましょう。

文字コード

　文字コードは、文字をどのような方式で表現するかを定めたものです。日本語の場合、「シフトJIS（shift-jis）」「euc-jp」「UTF-8」などがあり、ファイルを作った時と同じ設定で読み込まないと、正しい文字として読め込めません。

　今回のプログラムでは、CSVファイルの設定をする時に使います。該当のファイルの文字コードを調べることは難しいですが、多くの場合、シフトJISもしくはUTF-8のどちらかです。

特に、ExcelでCSVファイルを作成した場合は、シフトJISなので、まずはシフトJISを疑うと良いでしょう。指定する場合、UTF-8であれば、空欄で構いませんが、シフトJISの場合は"shift-jis"と、「"」(ダブルクォーテーション)で囲って入力します。

取り出す列の指定

アクティビティでは、要素として「row」を指定しています。この時、「row(n)」と書くと、左からn番目の列のデータを取り出すことができます。

ただし、1列目のデータは、「0」にあたるので、「1」の場合は、2列目のデータです。5番目のデータは「4」、6番目のデータは「5」……という具合に、列の数字から1を引いた数で指定します。

日付	取引先	費目	金額
2020/2/1	A社	事務用品	10,000
2020/2/1	B社	印刷代金	20,000
2020/2/2	A社	事務用品	2,000
2020/2/2	C社	送料	1,500
2020/2/3	B社	修正代金	2,000
2020/2/3	A社	梱包材	43,500

1列目＝row(0)　2列目＝row(1)

n列目＝row(n-1)

取り出す列の指定

列の絞り込み

Excelで列を絞り込むには、[テーブルをフィルター]アクティビティを使います。

このアクティビティには、絞り込みたい列の値を、次のように列挙して設定します。**New String**は、「複数の文字列を含むもの(配列と言います)を新しく作る」という意味です。

例えば、値が1つでも、この表記を使わなければなりません。

```
New String(){ 値1, 値2, …}
```

会社名で絞り込みたい場合、上の図のように、取引先がrow(1)という値なので、次のように記述します。**ToString**は、「それを文字列に変換する」という意味です。

```
New String(){ row(1).ToString()}
```

※**New String(){ 値1, 値2, …}**　New String()を省略し、「{ 値1, 値2, …}」と書くこともできる。

行数をカウントする構文

行数をカウントする場合は、「Rows.Count.ToString()」を使います。**ToString**は、「文字列に変換する」という意味でしたね。

Rows.Countは、「行数をカウントする」という意味です。

```
Rows.Count.ToString()
```

特定の列から文字列を取り出す構文

特定の列から文字列を取り出す構文は、「row(n).ToString()」です。nには列を指定します。「New String(){row(1).ToString()}」の中として出てきたものと同じです。

```
row(n).ToString()
```

構文が難しいです……

一見、難しそうに見えますが、何度も使っていると慣れてきますよ。無理にわかろうとせず、最初は見よう見まねでやってみてください

プログラムの準備

実験用のファイルを作るのがとても面倒です……

面倒かもしれませんが、本物をファイルを使って万一、事故があると大変なので、最初は実験用のものを用意しましょうね！

プログラムを作る前に、プログラムで使うファイルやアクティビティを用意します。少し面倒なような気がするかもしれませんが、実際の業務ではこうしたファイルの操作をよく行うはずです。

●アクティビティを確認する

　プログラムを組む前に、プログラムで使うファイルやアクティビティを準備しましょう。使用するアクティビティパックを確認し、入っていない場合は、インストールしておきましょう。

▼確認するアクティビティパック

アクティビティパック	パック名
Excel	UiPath.Excel.Activities
Word	UiPath.Word.Activities

　もしパッケージが入っていない場合は、［パッケージを管理］から検索してインストールしてください。

▼プログラムで使用するファイル

ファイル名	内容
❶会社住所録.csv	会社名や住所など、取引先をまとめたCSVファイル
❷売上一覧.xlsx	売上の一覧をまとめたExcelファイル
❸請求書.docx	請求書のひな形となるWordファイル

●ファイルを確認する

学習用として、下記のようなファイルを用意して練習してください。

❶会社住所録.csv

CSVファイルは、Excelで［名前を付けて保存］時に、ファイルの種類で「CSV」を選択すると作れます。うまく書き出せたかどうかは、メモ帳で確認すると良いでしょう。

最初からメモ帳で作ることもできます。その場合も、ファイル保存時に「.csv」の拡張子で保存します。

ExcelからCSVファイルを作成する時は、金額などの一部の項目で勝手に「"」（ダブルクォーテーション）がついてしまいますが、UiPathでは正しく読めます。

各項目は、半角の「,」（カンマ）で区切ります。

```
No.,会社名,住所
1,A社,東京都〇〇区××
2,B社,神奈川県△△市□□
3,C社,千葉県〇×市△□
```

```
会社住所録.csv - メモ帳
ファイル(F)  編集(E)  書式(O)  表示(V)
No.,会社名,住所
1,A社,東京都〇〇区××
2,B社,神奈川県△△市□□
3,C社,千葉県〇×市△□
```

会社住所録.csv

❷売上一覧.xlsx

売上一覧は、Excelファイルとして作成します。項目を入力した後、その部分に「テーブル」を適用し、「集計行」を追加します。

テーブルを適用するには次ページの太線で囲んだ部分を範囲指定し、「挿入＞テーブル」を選択します。そうすると、「テーブル1」という名前の新しいテーブルができます。

集計行は、太線で囲んだ部分の上で右クリックして「テーブル＞集計行」を選択すれば、自動的に集計行が追加され、計算結果が表示されます。

▼売上一覧.xlsxの内容

日付	取引先	費目	金額
2019/8/1	A社	事務用品	10,000
2019/8/1	B社	印刷代金	20,000
2019/8/2	A社	事務用品	2,000
2019/8/2	C社	送料	1,500
2019/8/2	B社	修正代金	8,000
2019/8/3	A社	梱包材	2,000
集計			43,500

※**下記のようなファイル** 作成が面倒な場合は、本書のサポートページからダウンロードしてください。

この部分を範囲選択して操作します

❸ 請求書のひな形となる Word ファイル

　請求書のひな形に、キーワードとなる項目を入れておいて、そのキーワードを置換する形で請求書を作成します。請求書はそれらしければ、自由な形式で構いません。キーワードだけは入れておいてください。

▼置換するキーワード

キーワード	内容
［会社名］	請求先の会社名を置換するキーワード
［住所］	請求先の住所を置換するキーワード
［金額］	請求先の金額を置換するキーワード

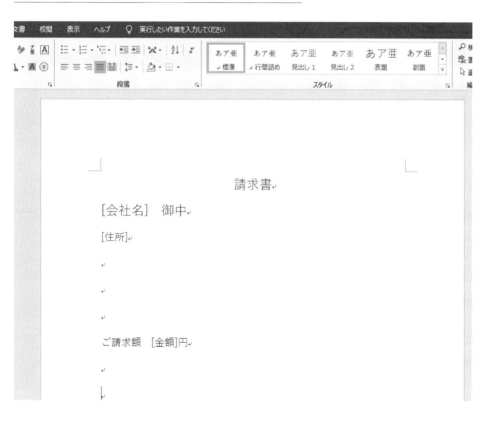

3 請求書自動発行プログラムの作成①

こんな長いプログラム、わかる気がしません……

意外と単純な操作の組み合わせなので、そんなに難しくないですよ。前半と後半にわけましたから、ゆっくりやりましょう！

プログラムが少し長いので、前半のExcelを使った流れと、Wordを使った流れとに分けて作成します。前半では、ExcelやCSVファイルから情報を取り出します。

●プログラムの流れ（前半）

　UiPathで組むプログラムは、以下のような手順になります。前半は、Excelから情報を得る手順、後半はその内容をWordに書き込み、WordをPDFに変換する手順です。

　作成するプログラムは長いので、いったん前半が終了した段階で、メッセージボックスを使った確認を行い、その後、後半を組んでいきます。メッセージボックスは、前半部分がうまく作成できたか確認するためだけのもので、実際のプログラムには必要ないので、後半作成時には削除します。

　もし、いっぺんに組んでしまう場合は、確認のメッセージボックスは必要ありません。

◉ Excelから情報を取得する手順

① 会社住所録.csvを読み込み、[住所データの値] 変数に格納する。
② 売上一覧.xlsxに対し、操作する。
③ 繰り返し、[住所データの値] から1行ずつ取り出して [row] にセットする。
④ 売上一覧.xlsxを会社名でフィルターをかける。
⑤ 売上一覧.xlsxのフィルターされた範囲を読み込み、[売上表の範囲] 変数に格納する。
⑥ [売上表の範囲] 変数を使って、フィルターされた項目が、何行あるのかカウントし、集計行が何行目にあるのかを突き止める。
⑦ 集計行がある行を [売上高の値] 変数に格納する。
⑧ ここまでの操作がうまくいったかどうか、メッセージボックスに出して確認する。

Wordで請求書を作ってPDFにする（メッセージボックスを削除する）手順

⑨ **請求書.docxを請求書_[会社名].docxに名前を変えて保存する。**

⑩ **請求書_[会社名].docxに、会社住所録.csvから取得した「会社名」「住所」、売上一覧.xlsxから取得した「請求額」を書き込む（キーワードを置換する）。**

⑪ **PDFに保存する。**

プログラムのポイント

　手順⑥の「行数のカウント」は、何をしているのかわかりづらいかもしれませんね。請求書を作るのに、集計行の数字を取得したいのですが、会社によって取引回数が違うため、何行目に集計行がくるのかわかりません。そこで、フィルターされた情報をカウントして、集計行を突き止めているのです。

　手順⑩は、Wordの請求書ひな形である「請求書.docx」ファイルの中に書き込まれた［会社名］［住所］［請求額］というキーワードを、ExcelファイルやCSVファイルから取得した実際の会社名などに置換しています。

使用する変数

　使用する変数は、以下の4つです。いったん、会社住所録.csvの全部のデータを取り込み、そこから1行ずつ取り出して使うため、それぞれを変数に入れます。

▼使用する変数

変数	内容
住所データの値	取り込んだ会社住所録.csvの全データ
row	「住所データの値」からループ処理で取り出された1行分のデータ
売上表の範囲	範囲読み込みの結果を格納する変数
売上高の値	売上高を格納する変数

●プロジェクトを作る（Excelで情報を取得する）

　準備ができたら、UiPathでプログラムを組んでみましょう。まずは、Excelから情報を取得するまでを行い、情報が取得できているかどうかは、メッセージボックスに表示することで確認します。

▼使用するアクティビティパック

アクティビティパック	パック名
Excel	UiPath.Excel.Activities
Word	UiPath.Word.Activities

　パッケージが入っていない場合は、［パッケージを管理］より検索しインストールしてください。

ファイル	内容
❶会社住所録.csv	会社名や住所など、取引先をまとめたCSVファイル
❷売上一覧.xlsx	売上の一覧をまとめたExcelファイル
❸請求書.docx	請求書のひな形となるWordファイル

それでは、Excelで情報を取得する前半を作って行きましょう。

まず事前準備として、新規に［08請求書を作成する］のプロジェクトを作成して、開いておきます。

▼プロジェクトの名前と保存場所

名前	場所	説明
［08請求書を作成する］	デフォルト値（C:¥Users¥ユーザー名¥Documents¥UiPath）	会社住所録.csvと売上一覧.xlsxから請求書PDFを作成する

❶［CSVを読み込み］アクティビティをドラッグ＆ドロップする

［アプリの連携］➡［CSV］➡［CSVを読み込み］をドラッグし、デザイナーパネルにドロップします

❷会社住所録.csvを読み込むように設定する

［CSVを読み込み］の入力欄に「08請求書」フォルダ内の「会社住所録.csv」のパス「"C:¥Users¥ユーザー名¥Desktop¥08請求書¥会社住所録.csv"」を入力します（「"」を忘れないでください）

❸ CSVファイルの文字コードを設定する

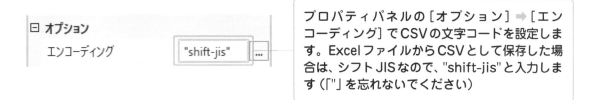

プロパティパネルの［オプション］➡［エンコーディング］でCSVの文字コードを設定します。Excelファイルから CSV として保存した場合は、シフト JIS なので、"shift-jis"と入力します（「"」を忘れないでください）

❹ 変数「住所データの値」を設定する

プロパティパネルの［出力］➡［データテーブル］の入力欄をクリックし、Ctrl＋Kキーを押して変数設定モードにして、変数として「住所データの値」を設定します

❺「売上一覧 .xlsx」を操作できるようにする

❷ 入力欄に、「08請求書」フォルダ内の「売上一覧 .xlsx」のファイルパス「"C:¥Users¥ユーザー名¥Desktop¥08請求書¥売上一覧 .xlsx"」入力します

❶［アプリの連携］➡［Excel］➡［処理］➡［Excel アプリケーションスコープ］をドラッグし、デザイナーパネルにドロップします

⑥ [繰り返し（各行）] アクティビティをドラッグ＆ドロップする

[プログラミング] ➡ [データテーブル] ➡ [繰り返し（各行）] アクティビティをドラッグし、デザイナーパネルの [実行] 内にドロップします

⑦ [繰り返し（各行）] の要素とコレクションを設定する

[繰り返し（各行）] のコレクションの入力欄に❹で設定した変数 [住所データの値] を入力します。これにより「会社住所録.csv」の各行のデータが変数「row」に繰り返しセットされます

⑧［テーブルをフィルター］アクティビティをドラッグ＆ドロップする

［アプリの連携］➡［Excel］➡［テーブル］➡［テーブルをフィルター］アクティビティをドラッグし、［繰り返し（各行）］の［Body］内にドロップします

⑨テーブル名を設定する

シート、テーブル名、列名を下の表のように設定します。テーブル名として"テーブル1"、列名は、Excel上でフィルターをかける対象となり、ここでは"取引先"を設定します

▼各項目の設定

項目	設定内容
シート（Sheet1）	"Sheet1"
テーブル名	"テーブル1"
列名	"取引先"

⑩ フィルターオプションを設定する

プロパティパネルの［入力］➡［フィルターオプション］に「New String(){row(1).ToString()}」と入力します

入力は長いですが、入力欄右の［…］ボタンをクリックすると［式エディター］が起動し、入力欄が拡大し、入力しやすくなります（入力する内容は直接入力欄に入力する場合も、式エディターでも同じです）

⑪ ［範囲を読み込み］アクティビティをドラッグ＆ドロップする

［アプリの連携］➡［Excel］➡［処理］➡［範囲を読み込み］アクティビティをドラッグし、［テーブルをフィルター］の後ろにドロップします

⑫「売上表の範囲」の変数を設定する

プロパティパネルの［オプション］の
［ヘッダーの追加］のチェックを外します
（チェックが入っていると、見出し行がカ
ウントされなくなり、1行分カウントが
減ってしまうので注意してください）

プロパティパネルの［出力］の［データ
テーブル］で Ctrl + K キーを押して、変数
「売上表の範囲」を設定します

⑬［セルを読み込み］アクティビティをドラッグ＆ドロップする

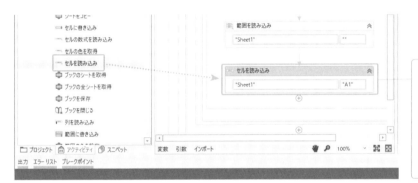

［アプリの連携］➡
［Excel］➡［処理］➡
［セルを読み込み］アク
ティビティをドラッグ
し、［範囲を読み込み］の
後ろにドロップします

⑭ Excelの集計金額を読み取る

Excelの集計金額を読み取るため、右パネルの
［入力］の［セル］に「"D" & 売上表の範
囲.Rows.Count.ToString()」と入力します＊

入力は長いですが、入力欄右の［…］ボタンをク
リックすると［式エディター］が起動し、入力欄
が拡大し、入力しやすくなります（入力する内容
は直接入力欄に入力する場合も、式エディターで
も同じです）

＊**入力します** "D"は、Excelの集計結果がD列にあるからです。「＆」は文字同士をつなげる意味があり、右側の式（行数）
とつなげて全体として「D列最終行のセル」を表しています。「売上表の範囲」は［範囲を読み込み］で読み込んだExcel表
全体を表す変数で、「Rows.Count.ToStringで行数を数えて文字列とする」という意味になります。

⑮ [出力] に変数「売上高の値」を設定する

読み込んだ値は後ほど使用するので、[出力] の [結果] で [Ctrl] + [K] キーを押して、変数「売上高の値」を設定します

⑯ [確認用メッセージボックス] アクティビティをドラッグ＆ドロップする

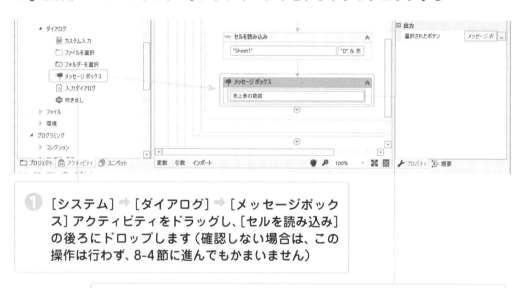

❶ [システム] ➡ [ダイアログ] ➡ [メッセージボックス] アクティビティをドラッグし、[セルを読み込み] の後ろにドロップします（確認しない場合は、この操作は行わず、8-4節に進んでもかまいません）

❷ 入力欄に手順⑮で設定した変数「売上高の値」を入力します（文字列"売上高の値"を表示させるわけではないので、「"」で囲みません）

⑰ プロジェクトができる

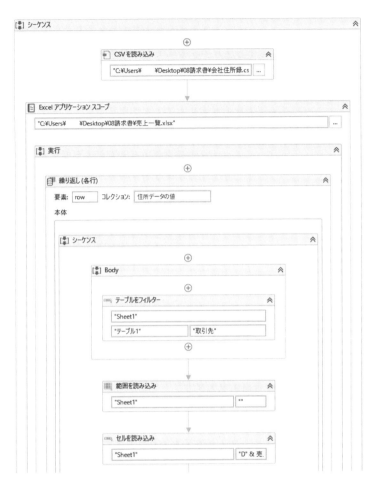

⑱ プロジェクトを保存して、実行する

❶ デザインリボンの［保存］をクリックし、プロジェクトを保存します

❷ ［ファイルをデバッグ］➡［実行］ボタンをクリックします

●動作を確認する

　ここまでのプログラムをいったん確認します。プロジェクトを実行すると、Excelが起動し、A社の集計の合計金額がメッセージボックスとして表示されます。メッセージボックスで [OK] ボタンをクリックした後に、続けてB社、C社の合計金額が表示されれば、ここまでは問題ありません。

A社でフィルターがかかっており、D8セル（入力データ数により変わる）にA社だけの合計金額が表示され、ダイアログに同じ数字が表示されていることを確認します

　メッセージボックスでうまく表示されたでしょうか。うまく表示されていない場合は、次のコラム「うまくいかない時は④」を参考に、調整してみてください。

　確認ができたら、[メッセージボックス] のアクティビティは削除します。

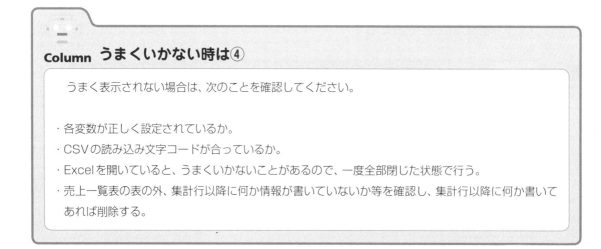

Column　うまくいかない時は④

　うまく表示されない場合は、次のことを確認してください。

・各変数が正しく設定されているか。

・CSVの読み込み文字コードが合っているか。

・Excelを開いていると、うまくいかないことがあるので、一度全部閉じた状態で行う。

・売上一覧表の表の外、集計行以降に何か情報が書いていないか等を確認し、集計行以降に何か書いてあれば削除する。

4 請求書自動発行プログラムの作成②

意外と簡単でした。後半も教えてください

後半は、Wordに取り込み、PDFに書き込みます。少し複雑そうに感じるかもしれませんが、前半よりも簡単ですよ！

前半部分はうまくいったでしょうか。後半では、Excelから取得した情報をWordに取り込み、さらにそのWordファイルをPDFに書き出します。何をやっているか迷子にならないように気をつけてください。

●プログラムの流れ（後半）

　ここからは、後半部分です。Excelから取得したデータを、Wordに書き込み、請求書を作ります。作った請求書は、PDFに変換します。

Wordで請求書を作ってPDFにする（メッセージボックスを削除する）手順

⑨請求書.docxを請求書_[会社名].docxに名前を変えて保存する。
⑩請求書_[会社名].docxに、会社住所録.csvから取得した「会社名」「住所」、売上一覧.xlsxから取得した「請求額」を書き込む（キーワードを置換する）。
⑪PDFに保存する。

使用する変数

　引き続き、変数も使用します。

▼使用する変数

変数	内容
住所データの値	取り込んだ会社住所録.csvの全データ
row	「住所データの値」からループ処理で取り出された1行分のデータ
売上表の範囲	範囲読み込みの結果を格納する変数
売上高の値	売上高を格納する変数

●プロジェクトを作る（Wordで請求書を作ってPDFにする）

事前準備として、前回作成したプロジェクトから、［メッセージボックス］アクティビティを削除しておきます。

❶請求書のひな形ファイルに会社名をつけてコピーする

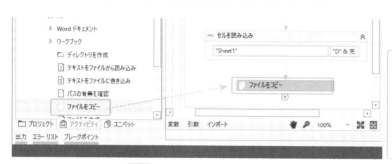

① ［システム］⇒［ファイル］⇒［ワークブック］⇒［ファイルをコピー］をドラッグ＆ドロップします

② 入力は長いですが、入力欄右の［…］ボタンをクリックすると［式エディター］が起動し、入力欄が拡大し、入力しやすくなります（入力する内容は直接入力欄に入力する場合も、式エディターでも同じです）

③ コピー先は会社名を付与したWordファイルとするため、プロパティパネルの［保存先］の［保存先］欄に、"C:¥Users¥ユーザー名¥Desktop¥08請求書¥請求書_" & row(1).ToString() & ".docx"を設定します

④ ［元ファイル］の［パス］は、「"C:¥Users¥ユーザー名¥Desktop¥08請求書¥請求書.docx"」を設定します

これによりファイル名が「請求書_会社名.docx」の請求書ができます（会社名の部分は、A社、B社など、実際の会社名になります）。

❷ [Wordアプリケーションスコープ] アクティビティを設定する

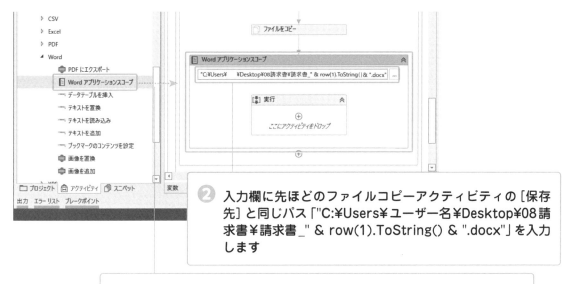

❷ 入力欄に先ほどのファイルコピーアクティビティの [保存先] と同じパス「"C:¥Users¥ユーザー名¥Desktop¥08請求書¥請求書_" & row(1).ToString() & ".docx"」を入力します

❶ [アプリの連携] ➡ [Word] ➡ [Wordアプリケーションスコープ] をドラッグ&ドロップします

❸会社名用の [テキストを置換] アクティビティを実行に設定する

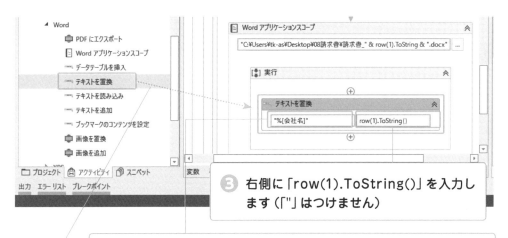

❸ 右側に「row(1).ToString()」を入力します（「"」はつけません）

❷ 左側に「"[会社名]"」を入力します（入力すると「"%[会社名]"」に変わりますが、問題ありません）

❶ [アプリの連携] ➡ [Word] ➡ [テキストを置換] アクティビティを [実行] にドラッグ&ドロップします

❹金額用と売上高用の［テキストを置換］アクティビティを追加する

実行

テキストを置換
"%[会社名]"　│　row(1).ToString()

テキストを置換
"%[住所]"　│　row(2).ToString()

テキストを置換
"%[金額]"　│　売上高の値

② 2つ目の左側には「"[住所]"」、右側には「row(2).ToString()」を入力します

③ 3つ目の左側には「"%[金額]"」、右側には「売上高の値」を入力します

① 同様に［テキストを置換］アクティビティを2つ追加します

▼［テキストを置換］アクティビティに入力する値

順番	左辺	右辺
1つ目	"[会社名]"	row(1).ToString
2つ目	"[住所]"	row(2).ToString
3つ目	"[金額]"	売上高の値

❺［PDFにエクスポート］アクティビティを設定する

▷ PDF
▲ Word
　🖨 PDF にエクスポート
　▣ Word アプリケーションスコープ
　▭ データテーブルを挿入
　▭ テキストを置換
　▭ テキストを読み込み
　▭ テキストを追加

🖨 PDF にエクスポート
"C:¥Users¥　　¥Desktop¥08請求書¥請求書_" & ro　…

① ［アプリの連携］➡［Word］➡［PDFにエクスポート］をドラッグ＆ドロップします

② 入力欄に「"C:¥Users¥ユーザー名¥Desktop¥08請求書¥請求書_" & row(1).ToString()& ".pdf"」を入力します

⑥プロジェクトができる

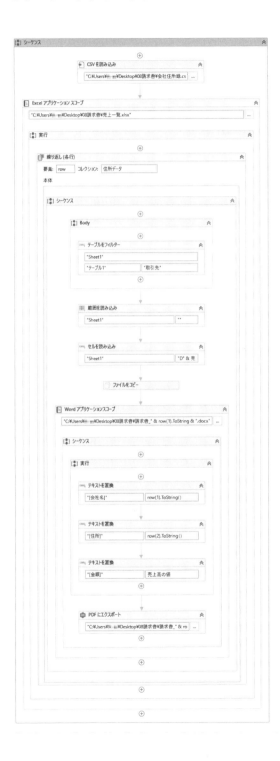

❼ プロジェクトを保存して、実行する

① デザインリボンの［保存］をクリックし、プロジェクトを保存します

② ［ファイルをデバッグ］➡［実行］ボタンをクリックします

　プロジェクトを実行すると、Excelで会社名ごとに順次処理され、WordとPDFがフォルダ内に作成されるので確認します。

名前	更新日時	種類	サイズ
会社住所録.csv	2019/08/31 15:58	Microsoft Excel CS...	1 KB
請求書.docx	2019/09/14 16:45	Microsoft Word ...	14 KB
請求書_A社.docx	2019/09/14 18:42	Microsoft Word ...	19 KB
請求書_A社.pdf	2019/09/14 18:42	Adobe Acrobat D...	90 KB
請求書_B社.docx	2019/09/14 18:42	Microsoft Word ...	19 KB
請求書_B社.pdf	2019/09/14 18:42	Adobe Acrobat D...	92 KB
請求書_C社.docx	2019/09/14 18:42	Microsoft Word ...	19 KB
請求書_C社.pdf	2019/09/14 18:42	Adobe Acrobat D...	91 KB
売上一覧.xlsx	2019/09/14 18:42	Microsoft Excel ワ...	11 KB

　WordとPDFがうまく作成されたでしょうか。うまく作成されていない場合は、次のコラム「うまくいかない時は⑤」を参考に、調整してみてください。

Column　うまくいかない時は⑤

　うまく作成されない場合は、次のことを確認してください。

・ファイルのパスが合っているかどうか確認する。
・「.pdf」「.docx」など、拡張子の前の「.」(ピリオド、ドット) を忘れてないか確認する。
・[会社名] [住所] などのキーワードが、Word上にあるものと完全に一致するかどうか確認する。特に、カッコの全角半角に気をつける。

Webサイト情報を
まとめるロボットを
作ってみよう

Webサイト情報をまとめるロボットの概要

ネットでの情報収集が楽になるアレをやってみたいです

「ウェブスクレイピング」ですね。定期的に情報収集するような業務に適しています！

次にWebサイトの情報をまとめるロボットを作成してみましょう。このように特定の情報をまとめることをウェブスクレイピングといいます。そうです！できると便利なウェブスクレイピングです！

●Webサイト情報をまとめるロボットの仕組み

　この章では、Webサイトの情報をまとめるロボットを作成します。このように、Webサイトから特定の情報を得ることを**ウェブスクレイピング**と言います。

　今回は、秀和システムのWebサイトで「Excel」に関する書籍を検索し、該当する書籍のタイトル、金額、著者名をExcelに書き出してみましょう。

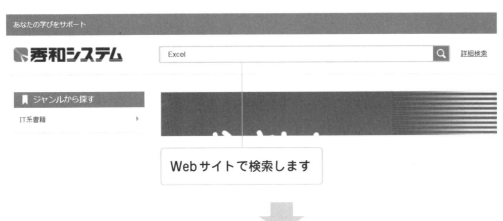

Webサイトで検索します

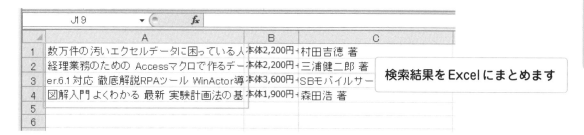

検索結果をExcelにまとめます

●検索結果をExcelにまとめる

特定のWebサイト（秀和システムのWebサイト）にアクセスし、検索フォームに検索したい内容（Excel）を入力して、検索します。

検索結果（Excelに関する書籍一覧）が表示されたら、その内容をExcelファイル（Excel書籍リスト.xlsx）にまとめて保存します。

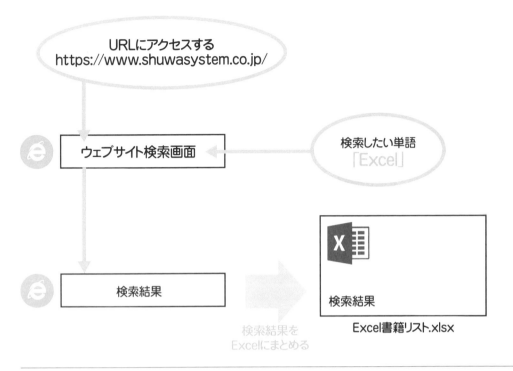

検索結果をExcelにまとめる

作業の流れ

❶URLにアクセスする

秀和システムのWebサイト (https://www.shuwasystem.co.jp) にアクセスします。

❷検索画面に検索する文言を入れて検索する

検索画面に「Excel」と入れて、検索実行マークをクリックします。

❸検索結果が表示される

Excelに関する書籍の一覧が表示されます。

❹検索結果をExcelにまとめる

検索結果のうち、「書名」「金額」「著者名」にあたる部分を指定し、Excelに転記します。

❺Excelを保存する

「Excel書籍リスト.xlsx」と名付けて、Excelファイルを保存します。

▼やりたいことと実際の動作

やりたいこと	実際の動作
秀和システムのWebサイトにアクセスする	該当のURLにアクセスするよう設定する
Webサイトで「Excel」で検索する	フォームに「Excel」と入力し、[検索] ボタンを押すように設定する
検索結果をExcelにまとめる	「データスクレイピング」機能を使用してデータを収集する
Excelを保存する	収集した内容をExcelに出力する
	ファイル名は「Excel書籍リスト.xlsx」をデスクトップに作成する

　該当のURLにアクセスし検索するところまでは、第7章で紹介した方法と同じです。今回のポイントは、**データスクレイピング機能**を使用してデータを収集するところでしょう。データスクレイピング機能は、同じ構造のデータを引っ張ってくることができます。

　また、ページ数が複数にまたがる場合にも対応しています。

●使用するアクティビティと機能

　使用するアクティビティを探しづらい場合は、検索するとよいでしょう。また、少し難しいアクティビティを次に説明しておきます。

▽ 使用するアクティビティ（一覧）

[UI Automation] ➡ [ブラウザー] ➡ [ブラウザーを開く]
[UI Automation] ➡ [要素] ➡ [キーボード] ➡ [文字を入力]
[UI Automation] ➡ [要素] ➡ [マウス] ➡ [クリック]
[Excel] ➡ [処理] ➡ [範囲に書き込み]

▽ 使用する機能

デザインリボン ➡ [データスクレイピング]

● データスクレイピング機能

　データスクレイピングは、アクティビティではなく、デザインリボンにある機能の1つです。

　Webサイトにある**構造化されたデータ**を、データテーブルとして取り込める機能です。

　「構造化」と言われてもピンと来ないかもしれませんね。例えば、次ページに表したWebサイトのような、すべての項目が同じ形式でまとめられているものを指します。どの本にも、必ず「書名」「金額」「著者名」「本の表紙画像」が記載されています。こうしたデータに対し、「書名だけを抜き出す」「金額だけを抜き出す」など、項目を指定して収集することができます。

どの本にも、統一で書名が記載されています。
ほかに、金額や著者名も必ず記載されています

　この機能を使うには、「書名」と「書名」のように、集めたいデータを2つ「要素」として指定します。2つ目の要素は、同じ要素であれば、どれでもかまいません。
　「書名」と「金額」のように、違う要素を2つ指定してしまうと上手くいかないので、必ず同じ要素を指定してください。

同じ要素を2つ選択

　データを取り込むと「データプレビュー」として、確認できます。

複数取り込んだ場合は、別の列として表示されます。

取得ウィザード

データプレビュー

Column1	Column2
数万件の汚いエクセルデータに困っている人のための Excel多量	本体2,200円＋税
経理業務のための Accessマクロで作るデータベース入門 Offic	本体2,200円＋税
Ver.6.1対応 徹底解説RPAツール WinActor導入・応用完全	本体3,600円＋税
図解入門 よくわかる 最新 実験計画法の基本と仕組み［第2	本体1,900円＋税
仕事で役立つ！ PDF完全マニュアル	本体1,480円＋税
AccessVBAパーフェクトマスター（Access2019完全対応/Acce	本体3,000円＋税
はじめてのAccess 2019	本体1,850円＋税
アプリ作成で学ぶ Excel VBAプログラミング ユーザーフォーム&コ	本体2,800円＋税
Excel2019パーフェクトマスター	本体2,800円＋税
Windows Server2019パーフェクトマスター	本体3,000円＋税
ExcelVBA 逆引き大全 600の極意 Office365/2019/2016/2	本体2,600円＋税
徹底解説RPAツール WinActor導入・応用完全ガイド	本体3,600円＋税

[データ定義を編集]　結果件数の最大値 (0は全件)　[30]

[ヘルプ]　　　　　　　[キャンセル]　[＜戻る]　[相関するデータを抽出]　[終了]

　表の下部にある［結果件数の最大値］で、検索結果数を調整できます。あまり件数を多くすると、終了まで時間がかかるので、最初は少ない件数からはじめて、調整するとよいでしょう。

2 プログラムの準備

ウェブスクレイピングするためには、
どんな準備をすれば良いですか？

今回は、そんなに準備はいりませんよ！

プログラムを作成する前に、準備をいくつか行いましょう。ただ、今回は、あまり特殊なことはしないので、アクティビティパッケージと、拡張機能を準備するだけです。

●アクティビティを確認する

　プログラムを組む前にアクティビティを準備しましょう。使用するアクティビティパックを確認し、入っていない場合は、インストールしておきましょう。

　今回は、機能拡張の不要なInternet Explorerを使用しており、またそのほかの部分もデフォルトのアクティビティパックだけで対応できるため、新たに機能拡張やアクティビティパックを追加する必要はありません。

　ただし、Google Chromeなどのほかのブラウザーを使用したい場合には、機能拡張により拡張してください（機能拡張は第7章を参照）。

▼確認するアクティビティパック

アクティビティパック	パック名
Excel	UiPath.Excel.Activities

　パッケージが入っていない場合は、［パッケージを管理］から検索してインストールしてください。

▼使用する拡張機能（Internet Explorerを使用する場合は不要）

拡張機能	内容
Chrome拡張機能	Chromeの拡張機能
FireFox拡張機能	FireFoxの拡張機能
Edge拡張機能	Edgeの拡張機能

3 Webサイト情報まとめ ロボットの作成①

これでウェブスクレイピングができるのですね

今回紹介するのは、簡単な例です。慣れてきたら、作成したデータをさらに調整するのにも挑戦してみてくださいね！

さて、いよいよウェブスクレイピングに挑戦です。今回は題材として、秀和システムのウェブサイトを使用しますが、もちろん、Amazon.comや、Googleなど他のサイトでも応用できます。

●プログラムの流れ

　Webサイトで検索し、検索結果を抽出してExcelにまとめます。具体的には、秀和システム社のサイトで「Excel」をキーワードにして検索し、検索結果を「データスクレイピング」という機能で収集します。

　データスクレイピングは、Webページにある表などをそっくり表データ（データテーブル）として取り込む機能です。今回取り込む検索結果は厳密には表ではありませんが、検索結果のように同じ構成が繰り返し表示されるデータに対しては収集することが可能です。

Webサイトで検索する手順

①秀和システムのWebサイト（https://www.shuwasystem.co.jp）にアクセスする。
②検索画面に「Excel」と入れる。
③検索実行マークをクリックする。

データスクレイピングする手順

④検索結果のうち、「書名」「金額」「著者名」にあたる部分を指定し、Excelに転記する。
⑤「Excel書籍リスト.xlsx」と名付けて、Excelファイルを保存する。

● プログラムのポイント

　Webサイトでの検索は、レコーディングでも作成できるシンプルなものです。データスクレイピングが少し難しそうに感じるかもしれませんが、ウィザードに従って、指定の場所をクリックするだけなので、そんなに難しくありません。

● 使用する変数

　使用する変数は、1つだけです。しかも、自動的に作られるものなので、作る必要はありません。簡単ですね！

▼使用する変数

変数	説明
ExtractDataTable	取り込んだWebサイトの全データ。この変数はデータスクレイピングの設定の最中に自動的に用意されるので Ctrl + K キーでの作成は不要

●プロジェクトを作る（Webサイトで検索する）

　最初に検索部分を作り、その後にデータスクレイピングを設定します。今回の操作は、ブラウザーと、UiPathを行ったり来たりするので、どちらで操作しているのかを先頭に記載しておきます。確認しながら進んでください。

　準備ができたら、UiPathでプログラムを組んでみましょう。

　まず、事前準備として、新規に［09Webサイト情報まとめロボを作る］のプログラムを作成し、開いておきます。

▼プロジェクトの名前と保存場所

名前	場所	説明
［09Webサイト情報まとめロボを作る］	デフォルト値（C:¥Users¥ユーザー名¥Documents¥UiPath）	Webサイトから必要な情報を収集してExcelに保存する

Chapter
9

❶ ［ブラウザーを開く］アクティビティを設定する

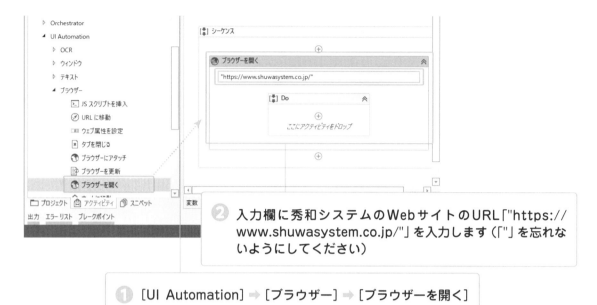

❷ 入力欄に秀和システムのWebサイトのURL「"https://www.shuwasystem.co.jp/"」を入力します（「"」を忘れないようにしてください）

❶ ［UI Automation］➡［ブラウザー］➡［ブラウザーを開く］アクティビティをドラッグ＆ドロップします

❷（ブラウザーの操作）秀和システムのWebサイトを開く

次の操作の入力のために、❶で入力したの秀和システムのWebサイトをブラウザーで開きます（ここではInternet Explorerで開きます）

　開く方法は、手動で開いてもよいし、また❶の作成後、一度❶までのプロジェクトを実行させることで開いてもかまいません。

❸ [文字を入力] アクティビティを設定する

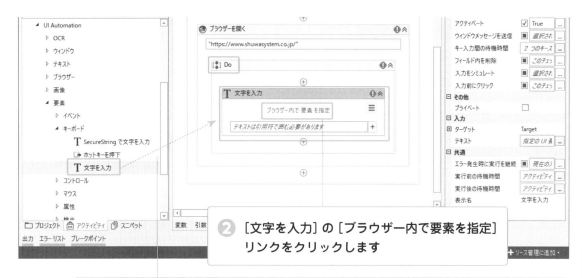

 [文字を入力] の [ブラウザー内で要素を指定]
リンクをクリックします

❶ [UI Automation] ➡ [要素] ➡ [キーボード] ➡ [文字を入力] アクティビティを
[Do] の中にドラッグ＆ドロップします

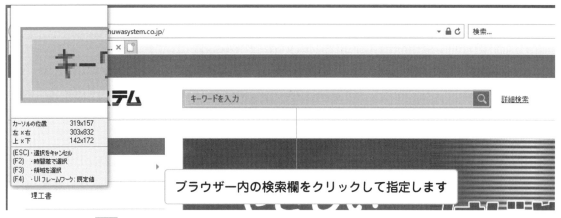

 ブラウザー内の検索欄をクリックして指定します

指定すると画像が反映されます

その後、その下の入力欄に
「"Excel"」と入力します。それに
よりプロジェクト実行時には検
索欄に「Excel」の文字が入力さ
れます

④（ブラウザーの操作）検索フォームに「Excel」の文字を入れる

先の「Excel」の文字列は実際のブラウザーにも入力しておくか、もしくはここま
でのプロジェクトを実行して入力された状態のブラウザーを起動します

⑤ブラウザー内の［検索］ボタンをクリックする

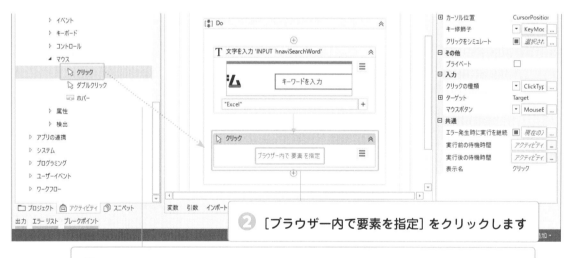

② ［ブラウザー内で要素を指定］をクリックします

① ［UI Automation］ ⇒ ［要素］ ⇒ ［マウス］ ⇒ ［クリック］アクティビティを
先の［文字列を入力］の後ろにドラッグ＆ドロップします

先ほどと同じ要領で、今度はブラウザーの［検索］ボタンをクリックします。クリックするとアクティビティ内が［検索］ボタンの画像に変わります

　ここまでで、検索部分の作成が終了です。次の9-4節でも引き続き、データスクレイピング部分をプログラミングします。

今回は、秀和システムの Web サイトで練習していきますが、もちろん他の Web サイトでも実行できます。Web サイトからの情報収集は、いろいろな場面で必要でしょうから、ぜひ活用してくださいね

Webサイト情報まとめ ロボットの作成②

な、なにをやっているのか、わからなく なってきました……

ブラウザーを使うので、少し難しく感じる かもしれませんが、操作はシンプルです。 落ち着いて！

ブラウザーとデータスクレイピング機能を使うので、混乱してしまうかもしれませんが、やって いることは単純です。Webサイトに文字を入力して検索し、そのデータを取得するだけなので、 落ち着いて進めてください。

●プロジェクトを作る（データスクレイピングする）

前節に引き続き、プログラムのデータスクレイピングの部分を作ります。

まず、ブラウザーで実際に［検索］ボタンをクリックし、「Excel」の検索結果を出しておきます。

書籍検索

⑥ ［データスクレイピング］をクリックする

> ブラウザーに検索結果を出した状態で、デザインリボンの［データスクレイピング］をクリックします

⑦ ウィザードを進める

> 取得ウィザード画面が表示されるので、［次へ］ボタンをクリックします

❽ タイトルを要素として指定する（1つ目の要素）

検索で最初に表示された書籍のタイトル部分のみ、選択状態にしてクリックします（タイトル部分以外が選択されないようにします）

❾（ブラウザーの操作）ブラウザーで選択したい箇所までスクロールする

❸ 先にスクロールバーでそのページ内に最後に検索されている書籍が表示されている状態にします

❷ その後で、[次へ] ボタンをクリックします

❶ クリックすると「第二の要素を選択」する画面が表示されます

　なお、先に［次へ］ボタンをクリックしてしまうと、次の要素指定場面でスクロールができず、最後の書籍の要素を指定できません。もし先にクリックしてしまった場合は、Escキーで戻ってスクロールするか、見えている範囲の適当な項目を使ってください。

⑩タイトルを要素として指定する（2つ目の要素）

第一の要素の選択と同じように、今度は検索で最後に表示された書籍のタイトル部分のみ選択状態にしてクリックします

⑪タイトルの列を設定する

❶［列を設定］画面が開きます

❷［次へ］ボタンをクリックします

⑪ [データプレビュー] 画面が表示される

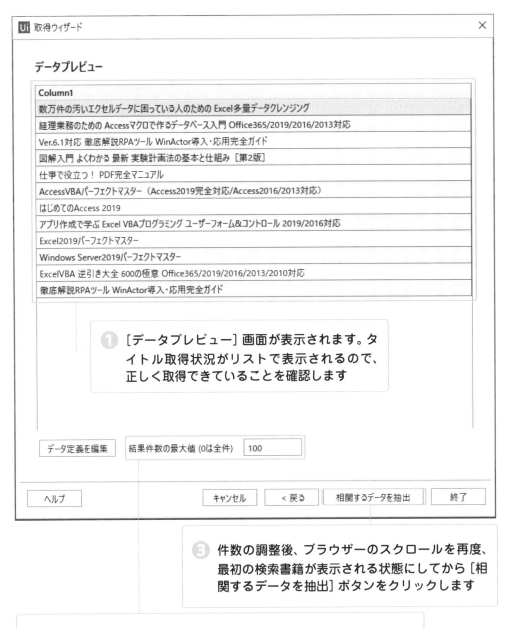

取得ウィザード　×

データプレビュー

Column1
数万件の汚いエクセルデータに困っている人のための Excel多量データクレンジング
経理業務のための Accessマクロで作るデータベース入門 Office365/2019/2016/2013対応
Ver.6.1対応 徹底解説RPAツール WinActor導入・応用完全ガイド
図解入門 よくわかる 最新 実験計画法の基本と仕組み [第2版]
仕事で役立つ! PDF完全マニュアル
AccessVBAパーフェクトマスター (Access2019完全対応/Access2016/2013対応)
はじめてのAccess 2019
アプリ作成で学ぶ Excel VBAプログラミング ユーザーフォーム&コントロール 2019/2016対応
Excel2019パーフェクトマスター
Windows Server2019パーフェクトマスター
ExcelVBA 逆引き大全 600の極意 Office365/2019/2016/2013/2010対応
徹底解説RPAツール WinActor導入・応用完全ガイド

❶ [データプレビュー] 画面が表示されます。タイトル取得状況がリストで表示されるので、正しく取得できていることを確認します

[データ定義を編集]　結果件数の最大値 (0は全件)　[100]

[ヘルプ]　[キャンセル]　[< 戻る]　[相関するデータを抽出]　[終了]

❸ 件数の調整後、ブラウザーのスクロールを再度、最初の検索書籍が表示される状態にしてから [相関するデータを抽出] ボタンをクリックします

❷ 表の下にある [結果件数の最大値] を調整します。デフォルトは100ですが、取得に時間がかかるため、テスト段階では20〜30ぐらいで様子を見ながら、徐々に調整するとよいでしょう

⑫金額を要素として指定する（1つ目の要素）

次の要素を選択する画面となります。最初の検索結果の書籍の金額を選択してクリックします

⑬金額を要素として指定する（2つ目の要素）

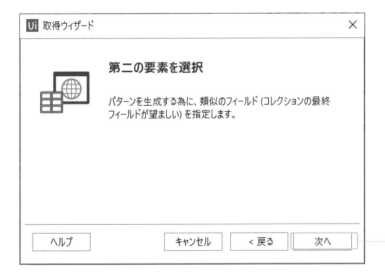

先ほどと同様に、スクロールして最後の書籍の表示をした状態で、［次へ］ボタンをクリックします

徹底解説RPAツール WinActor導
入・応用完全ガイド（単行本）

本体3,600円＋税

SBモバイルサービス株式会社・清水
亮 著
SBモバイルサービス株式会社・枡田

最後の書籍の金額をクリックします

⑭金額の列の指定と、データプレビューを確認する

[列を設定] 画面に戻ってきます。
[次へ] ボタンをクリックします

Ui 取得ウィザード	×

データプレビュー

Column1	Column2
数万件の汚いエクセルデータに困っている人のための Excel多重	本体2,200円＋税
経理業務のための Accessマクロで作るデータベース入門 Offic	本体2,200円＋税
Ver.6.1対応 徹底解説RPAツール WinActor導入・応用完全	本体3,600円＋税
図解入門 よくわかる 最新 実験計画法の基本と仕組み〔第	本体1,900円＋税
仕事で役立つ！ PDF完全マニュアル	本体1,480円＋税
AccessVBAパーフェクトマスター（Access2019完全対応/Acc	本体3,000円＋税
はじめてのAccess 2019	本体1,850円＋税
アプリ作成で学ぶ Excel VBAプログラミング ユーザーフォーム&コ	本体2,800円＋税
Excel2019パーフェクトマスター	本体2,800円＋税
Windows Server2019パーフェクトマスター	本体3,000円＋税
ExcelVBA 逆引き大全 600の極意 Office365/2019/2016/2	本体2,600円＋税
徹底解説RPAツール WinActor導入・応用完全ガイド	本体3,600円＋税

① ［データプレビュー］画面が表示されます。先ほどの
タイトルに加え、金額が列として取得され、追加さ
れていることを確認します

[データ定義を編集]　結果件数の最大値 (0は全件)　30

ヘルプ		キャンセル	＜ 戻る	相関するデータを抽出	終了

② ［相関するデータを抽出］ボタンをクリックします

⑮ 著者名について同じ操作をする

数万件の汚いエクセルデータに
困っている人のための Excel多量
データクレンジング
本体2,200円＋税
村田吉徳 著

同じ手順をもう一度、今度
は著者名に対して行います

徹底解説RPAツール WinActor導
入・応用完全ガイド（単行本）
本体3,600円＋税

SBモバイルサービス株式会社・清水
亮 著
SBモバイルサービス株式会社・枡田
健吾 著
SBモバイルサービス株式会社・近江
幸吉 著
SBモバイルサービス株式会社・仲井
誠明 著
SBモバイルサービス株式会社・渡辺
泰志 著
SBモバイルサービス株式会社・橋本
勝巳 著

⑯ 列を指定し、画面を確認したら終了する

［列を設定］画面に戻っ
てきます。［次へ］ボタ
ンをクリックします

取得ウィザード

データプレビュー

Column1	Column2	Column3
数万件の汚いエクセルデータに困っている	本体2,200円＋税	村田吉徳 著
経理業務のための Accessマクロで作るデ	本体2,200円＋税	三浦健二郎 著
Ver.6.1対応 徹底解説RPAツール WinA	本体3,600円＋税	SBモバイルサービス株式会社・清水　亮 SBモバイルサービス株式会社・枡田　健 SBモバイルサービス株式会社・近江　幸 SBモバイルサービス株式会社・仲井　誠 SBモバイルサービス株式会社・渡辺　泰 SBモバイルサービス株式会社・橋本　勝 NTTアドバンステクノロジ株式会社 監修
図解入門 よくわかる 最新 実験計画法(	本体1,900円＋税	森田浩 著
仕事で役立つ！ PDF完全マニュアル	本体1,480円＋税	桑名由美 著
AccessVBAパーフェクトマスター（Access	本体3,000円＋税	岩田宗之 著
はじめてのAccess 2019	本体1,850円＋税	羽石相 著
アプリ作成で学ぶ Excel VBAプログラミン	本体2,800円＋税	横山達大 著
Excel2019パーフェクトマスター	本体2,800円＋税	金城俊哉 著
Windows Server2019パーフェクトマスタ-	本体3,000円＋税	野田ユウキ＆アンカー・プロ 著
ExcelVBA 逆引き大全 600の極意 Offi	本体2,600円＋税	E-Trainer.jp［中村峻］ 著
徹底解説RPAツール WinActor導入・応	本体3,600円＋税	SBモバイルサービス株式会社・清水　亮 SBモバイルサービス株式会社・枡田　健 SBモバイルサービス株式会社・近江　幸 SBモバイルサービス株式会社・仲井　誠 SBモバイルサービス株式会社・渡辺　泰 SBモバイルサービス株式会社・橋本　勝

[データ定義を編集]　結果件数の最大値 (0は全件) 　30

[ヘルプ]　　[キャンセル]　[＜戻る]　[相関するデータを抽出]　[終了]

① ［データプレビュー］画面が表示されます。著者名が列として追加されていることを確認します

② ［終了］ボタンをクリックします

⑰複数ページを設定する

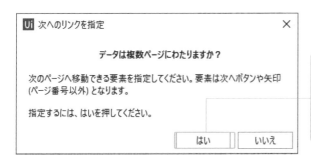

次へのリンクを指定

データは複数ページにわたりますか？

次のページへ移動できる要素を指定してください。要素は次へボタンや矢印 (ページ番号以外) となります。

指定するには、はいを押してください。

[はい]　[いいえ]

「データは複数ページにわたりますか？」というメッセージが表示されます。ここでは［はい］ボタンをクリックします

⑱ 要素を選択する

再び要素を選択する画面になります。検索結果で次のページを表示するためのリンク（ここでは「次の12件」のリンク。数字は環境により変動することがあります）をクリックします。クリックすると、データスクレイピングが終了し、アクティビティが追加されます

⑲ データスクレイピングを終了させる

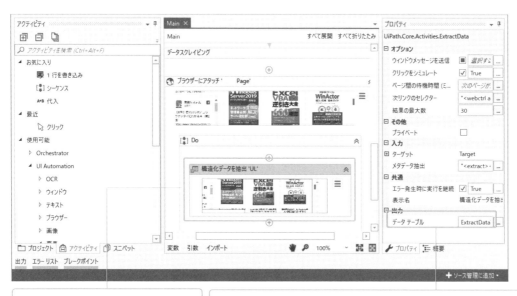

❶ ［構造化データを抽出］をクリックします

❷ ［出力］→［データテーブル］→［ExtractDataTable］に先ほどのタイトル、金額、著者名のデータが記載されます。これでデータスクレイピングは完了です

⑳ Excelを操作できるようにする

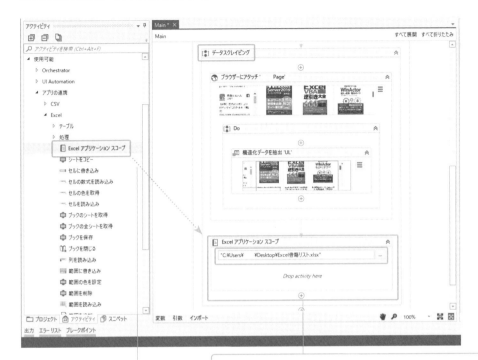

② [Excelアプリケーションスコープ] にはExcel出力ファイルとなる「Excel書籍リスト.xlsx」をデスクトップに出力するため、「"C:¥Users¥ユーザー名¥Desktop¥Excel書籍リスト.xlsx"」を設定します

① [アプリの連携] ➡ [Excel] ➡ [Excelアプリケーションスコープ] をデータスクレイピングの枠内にドラッグ&ドロップします（データスクレイピングの枠外にドロップすると、ExtractDataTableのデータにアクセスできなくなるためです）

㉑ [範囲に書き込み] アクティビティを設定する

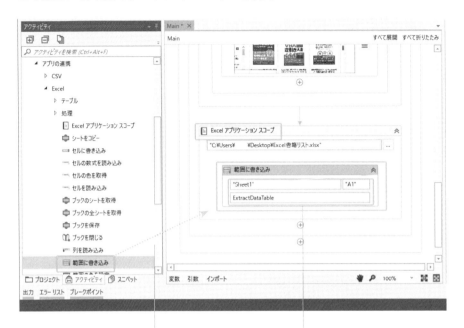

② 入力欄に、次の表のように入力します（下段には、変数名の「ExtractDataTable」を入力します）

① [Excel] ➡ [処理] ➡ [範囲に書き込み] アクティビティを [Excelアプリケーションスコープ] の枠内にドラッグ&ドロップします

▼各項目の設定

項目	設定内容
シート名	"Sheet1"
開始セル	"A1"
データテーブル	ExtractDataTable

㉓ プロジェクトができる

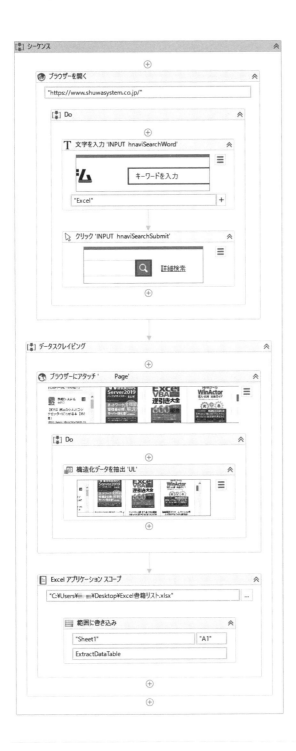

㉔ **プロジェクトを保存して、実行する**

① デザインリボンの[保存]をクリックし、
プロジェクトを保存します

② [ファイルをデバッグ] ➡ [実行]
ボタンをクリックします

実行するとデスクトップにExcel書籍リスト.xlsxが作成され、中にリストができています

	A	B	C
1	数万件の汚いエクセルデータに困っている人	本体2,200円+	村田吉徳 著
2	経理業務のための Accessマクロで作るデー	本体2,200円+	三浦健二郎 著
3	er.6.1対応 徹底解説RPAツール WinActor導	本体3,600円+	SBモバイルサービス株式会社・清水
4	図解入門 よくわかる 最新 実験計画法の基	本体1,900円+	森田浩 著
5			
6			

Column うまくいかない時は⑥

うまく作成されない場合は、次のことを確認してください。

・要素の指定が間違っていないか確認する。
・URLが正しいかどうか確認する。

Chapter 10

問い合わせメールを
自動収集する
ロボットを作ってみよう

1 問い合わせメール 自動収集ロボットの概要

上司から問い合わせメールに返信する業務を担当するように言われました。

これも UiPath に任せてしまいましょう！

問い合わせメール自動収集ロボットを作ってみましょう。今回のプロジェクトでは、メールを使います。メールを使ったものは、いくつかの設定が必要なので、もう一度、第6章をよく読み直しておいてください。

●問い合わせメール自動収集ロボットの仕組み

10章では問い合わせメールの情報をまとめるロボットを作成します。

受信したメールの中から問い合わせに関するメールを収集し、受信日時、件名、差出人をExcelに出力します。

このプログラムでは、情報をExcelに書き込むまでを行いますが、収集するメールの種類を変えたり、メール送信プログラムと合わせれば、さらに便利に使えるロボットです。

メールに関するアクティビティを使えるようになると、作成できるロボットの範囲が広がります。

メールの送受信は、業務の中でも大きなウェイトを占めていることが多いでしょう。

今回は、例として、問い合わせメールを収集しますが、工夫次第でさまざまな業務に応用できます。自分の業務なら、どのようなメール管理に使えるか考えながら進めてください。

サーバーからの通知メールや特定の取引先とのやり取りをまとめるのにも使えそうです！

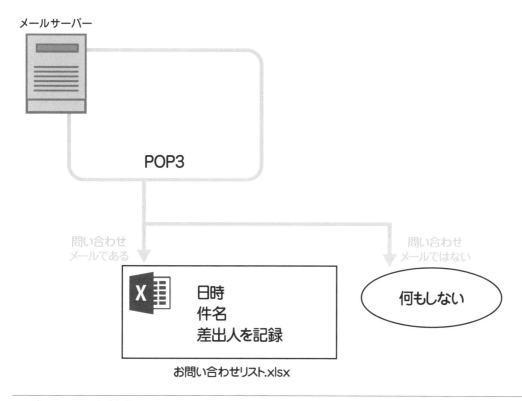

メールサーバー

POP3

問い合わせ
メールである

問い合わせ
メールではない

| X | 日時
件名
差出人を記録 |

お問い合わせリスト.xlsx

何もしない

問い合わせメール自動収集ロボットの仕組み

●メールサーバーとExcelを連携させる

メールサーバーからPOP3でメールを受信し、問い合わせメールをExcelファイル（お問い合わせリスト.xlsx）にまとめます。問い合わせメール以外のメールには、何もしません。

メールは**POP3**で受信します。POP3を使用する場合、メールサーバーにメールを残すのかどうか、運用上配慮すべきことがあります。必ず、社内の詳しい人や、システム課などの管理部署に確認してください。

メールは、慣れるまではテスト専用の
アドレスを使うといいですよ

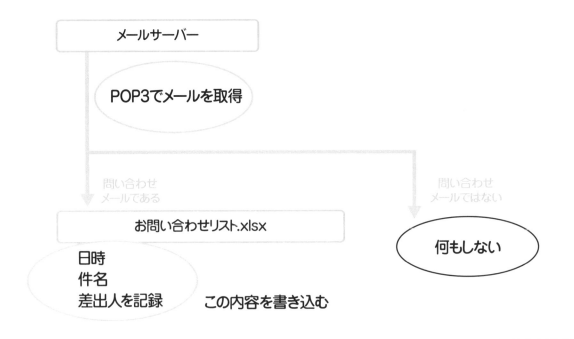

作業の流れ

❶メールを取得する

メールサーバーからPOP3でメールを受信します。

❷お問い合わせメールであるかを判定する

件名に「問い合」「問合」の文言があるかどうかをチェックして、判定します

❸お問い合わせメールの場合は、Excelに入力する

お問い合わせメールの場合は、「受信日時」「件名」「差出人」を「お問い合わせリスト.xlsx」というExcelファイルに記録します。

▼やりたいことと実際の動作

やりたいこと	実際の動作
POP3でメールを受信する	メールサーバー上のメール情報を取得する。この時、メールサーバー上のメールをどう扱うかは関係部署と調整の上で設定する
件名をチェックする	対象のメールから件名を取得し、「問い合」「問合」の文言があるかどうかを判定する
問い合わせメールである時のみ、Excelに書き込む	条件分岐を使い、条件通りであれば、Excelを操作するように設定する

Excelに保存する	収集した内容をExcelに記載し、「お問合せリスト.xlsx」をデスクトップに作成する

●使用するアクティビティ

使用するアクティビティを探しづらい場合は、検索するとよいでしょう。
また、少し難しいアクティビティを次に説明しておきます。

使用するアクティビティ（一覧）

[UI Automation] ➡ [アプリの連携] ➡ [メール] ➡ [POP3] ➡ [POP3メールメッセージを取得]
[UI Automation] ➡ [アプリの連携] ➡ [Excel] ➡ [処理] ➡ [Excelアプリケーションスコープ]
[ワークフロー] ➡ [制御] ➡ [代入]
[ワークフロー] ➡ [コントロール] ➡ [繰り返し（コレクションの各要素）]
[ワークフロー] ➡ [制御] ➡ [条件分岐]
[UI Automation] ➡ [アプリの連携] ➡ [Excel] ➡ [処理] ➡ [セルに書き込み]

POP3メールメッセージを取得アクティビティ

[UI Automation] ➡ [アプリの連携] ➡ [メール] ➡ [POP3] ➡ [POP3メールメッセージを取得]

POP3プロトコルを使ってメールを受信するアクティビティです。プロパティパネルで受信に関する設定を行います。入力内容についての詳しい説明については、第6章を確認してください。

▼各項目の設定

項目	設定内容
[オプション] ➡ [メッセージを削除]	サーバーからメールが削除され、ほかのメーラーで受信できなくなってしまうので、今回はチェックを入れない（削除する場合は、必ず詳しい人や管理課と相談すること）
[オプション] ➡ [上限数]	一度にメールを取得する件数。30程度から始めるとよい
[ホスト] ➡ [サーバー]	POP3メールサーバーのアドレスを「"」で囲んで入力する
[ログオン] ➡ [パスワード]	メールサーバーにアクセスするためのパスワード。「"」で囲む
[ログオン] ➡ [メール]	メールサーバーにアクセスするためのアカウント。「"」で囲む
[出力] ➡ [メッセージ]	メールボックスからメールデータを受け取った後のデータ格納先となる変数を指定する

代入のアクティビティ

[ワークフロー] ➡ [制御] ➡ [代入]

Excelに書き込む時には、同じ行に繰り返し上書きすることのないように、1行ずつ書き込み行をズラしていきます。そのため代入を使って変数の数字が変化するように設定します。

［代入］アクティビティは、左辺（to）に変数、右辺（value）に式を入れます。

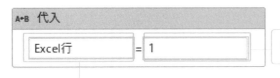

右辺（value）：式を入れる（中に入れるもの）

左辺（to）：変数を入れる側（入れられる側）

繰り返し（コレクションの各要素）のアクティビティ

［ワークフロー］ ⇒ ［コントロール］ ⇒ ［繰り返し（コレクションの各要素）］

この繰り返しは、コレクションの各要素を繰り返すものです。第3章で学んだループ処理とは、少し異なる処理です。コレクションに親となるデータを格納し、そこから要素を取り出します。

例えば、今回であれば、全部のメールデータ（コレクション）の中から、1メールずつ（要素）を取り出します。本体には、取り出した要素を使って行いたい処理を入れます。

▼各項目の設定

項目	設定内容
コレクション	取り込んだ全データ
要素	コレクションからループ処理で取り出された1つ分のデータ
本体	要素を使って行いたい処理

条件分岐のアクティビティ

［ワークフロー］ ⇒ ［制御］ ⇒ ［条件分岐］

条件分岐アクティビティでは、ConditionとThenとElseの設定をします。Conditionは条件、Thenは条件通りの場合に行う処理、Elseは条件と異なった場合に行う処理を入れます。

▼各項目の設定

項目	設定内容
Condition	条件となる式
Then	条件通りの場合に行う処理（空欄にすることもできる）
Else	条件と異なった場合に行う処理（空欄にすることもできる）

●知っておきたい構文と概念

　知っておきたい構文と概念について、補足説明します。構文は、少し難しいかもしれませんが、その場合は、読み飛ばしてしまってかまいません。

文字が含まれているかを確認する構文

「対象.Contains("文字")」と書くと、「その文字が対象に含まれているか」を確認できます。

```
対象.Contains("文字")
```

　今回、対象を記述するには、「item.Subject」と書きます。「Subject」は、メールの件名を指します。対象が、メールの件名ではなく、差出人や本文の場合は、それぞれ「From」「Body」と書きます。「item」は、変数名です。これを続けて書くと、「item.Subject.Contains("文字")」となります。

```
item.Subject.Contains("文字")
```

問い合わせメールを収集するには、「問い合わせ」という単語が含まれているかどうかで判定します。ただ、「問い合わせ」は「問合」や「問い合」など、人によって書き方はいろいろですから、「問合」か「問い合」のどちらかがあった場合を条件とします。

「どちらか」は「OrElse」で指定します。「どちらかを満たす場合」という意味です。

```
item.Subject.Contains("問合") OrElse
item.Subject.Contains("問い合")
```

データの取得は、メールヘッダーに含まれる受信日時も出てきます。受信日時は、ヘッダーに含まれるので「Subject（件名）」の代わりに「Header」と記載します。また、日付は「Date」という名前のヘッダーなので、続けて書くと、「item.Header("Date")」です。

```
item.Header("Date")
```

▼各項目の設定（メールの表記）

項目	設定内容
ヘッダー	Header
件名	Subject
送信者	From
返信先	ReplyToList
受信者	To
メッセージ本文	Body
添付ファイル	Attachments

型変換する構文

メールの受信日時データは「item.Headers("Date")」で取得できますが、「Sat, 5 Oct 2019 15:02:04 +0900」のようなメール上の書式（曜日, 日月 年 時刻 時差）となり、あまり扱いやすいとは言えません。もう少し、見やすい感じにしたいですね。そこで、型変換を行います。

型変換とは、データの形式を変えるこの変換処理のことです。「曜日, 日月 年 時刻 時差」から、見慣れた「年 / 月 / 日 時間：分」へと型を変換します。

データ変換には**CType**を使います。「CType（元の値, データ形式）」は、「元の値を指定したデータ形式に変換する」という意味です。

```
CType（元の値, データ形式）
```

UiPathで日付や時刻は、「System.DateTime」というデータ形式で扱います。

「item.Headers("Date")」で取得した「System.DateTime」形式のものを、さらに「年／月／日 時間：分」形式に変換します。「年／月／日 時間：分」形式は、「ToString("yyyy/MM/dd HH:mm")」と記述します。

ToStringは、「文字列として取得する」という意味です。「〜と書く」くらいのものと考えるとよいでしょう。

「年／月／日 時間：分」は、「"yyyy/MM/dd HH:mm"」です。必ず大文字・小文字はこの通りに書いてください。続けて書くと、「CType(item.Headers("Date"), System.DateTime).ToString("yyyy/MM/dd HH:mm")」です。

CType(item.Headers("Date"), System.DateTime).ToString("yyyy/MM/dd HH:mm")

POP3での受信

POP3の場合、受信したメールをサーバーに残すかどうかを選択できます。

メールサーバーにメールが残っていれば、何回でも受信できますが、消してしまうと、その後に別のパソコンやメーラーでアクセスしても、メールは受信できません。

第6章で解説した通り、どのような設定にするかは、よく考えてから使用してください。

第6章でも解説しましたが、POP3での受信はメールの扱いが難しいので、Gmailなど、実験専用のメールを使うほうが無難かもしれません

2 プログラムの準備

メールはいろいろと準備がいるんでしたね

忘れてしまっている場合は、もう一度、第6章を確認してみてください！

プログラム前の準備は、基本的に第6章と同じです。ただ、普段使用しているメールアドレスを使うと、業務に差し支えることもあるでしょうから、できれば最初は実験用アドレスを用意してください。

●アクティビティとメールを確認する

今回はデフォルトのアクティビティパックだけで対応できるため、新たに追加する必要はありませんが、念の為確認しておいてください。

▼確認するアクティビティパック

アクティビティパック	パック名
Excel	UiPath.Excel.Activities
メール	UiPath.Mail.Activities

もしパッケージが入っていない場合は、[パッケージを管理] から検索してインストールしてください。

また、テスト用として、件名に「問い合わせ」や「問合せ」と記載したメールを自分のメールボックス宛に送信しておきましょう。何件か用意しておくとよいです。

●メールの設定情報を確認する

メールを取り扱うため、メールの設定情報が必要です。会社であれば、管理している部署や社内の詳しい人に聞けばわかりますが、個人のメールサーバーを使う場合は、プロバイダのページを確認してみてください。

例えば、さくらインターネットであれば、「メールソフトの設定」ページに案内があります。

▼メールソフトの設定

https://help.sakura.ad.jp/category/rs/rs_email_software_settings/

メールの設定情報は、プロバイダによって呼び方が違うこともあります。

▼各項目の設定（メール）

項目	設定内容
受信メールサーバーのアドレス	example.dinosaurmailll.ne.jpのように、管理者やプロバイダから指定されたアドレス。「POPサーバー」と言うこともある
メールサーバーにアクセスするためのパスワード	*******など
メールサーバーにアクセスするためのアカウント	tyrannosaur@dinosaurmailll.ne.jpのようにメールアドレスが使われていることも多い 「ユーザー名」と言う場合もある
ポート番号	受信用ポート番号

▼設定の例

カテゴリー	項目	設定値の例
ホスト	サーバー	example.dinosaurmail.ne.jpなど受信メールサーバーのアドレスを入れる
	ポート番号	110など
ログオン	パスワード	*******など
	メール	tyrannosaurなどログオンするためのアカウントを入れる

会社で行う場合は、必ず管理している部署や、社内の詳しい人に相談してから進めてください。

自分のメールサーバーを使用する場合は、普段使っていないメールアドレスを実験用に用意するとよいでしょう。

3 問い合わせメール自動作成ロボットの作成

メール内容をまとめるだけでなく、問い合わせメールだけを選べるのですか？

そうです。このように応用できるのがプログラミングの魅力です！

実際にプログラムを作っていきましょう。メールを受信し、その内容を Excel に書き込むプロジェクトです。ただ書き込むのではなく、問い合わせメールだけを選び取ります。

●プログラムの流れ

メールを受信し、受信したメールに対して判定したものを Excel に書き込むロボットを作成していきます。

メールサーバーからメールを取得し、件名に「問い合」「問合」のあるものをお問合せメールと判断し、情報を収集します。

受信したメールを判定し、Excel に書き込む手順

① POP3 でメールを取得する。
② 書き込み先の「お問い合わせリスト.xlsx」を準備する。
③ 書き込み行を「Excel行」という変数で指定する。
④ 取得したすべてのメールから、1つずつ取り出す。
⑤ 件名に「問い合」「問合」が含まれるかどうかを判定する。
⑥ 含まれる場合は、「お問い合わせリスト.xlsx」に書き込む。
⑦ 次の書き込み行を指定する。

プログラムのポイント

手順⑤の「問い合」「問合」は、「お問合せ」の際に「お問合せ」「お問い合わせ」「問合せ」「問い合わせ」などの日本語の揺らぎを考慮したものです。

使用する変数

手順❸で書き込み行を「Excel行」という変数で指定しています。これは、毎回書き込みをする時に、1行ずつ書き込み行をズラしていかないと、同じ行に上書きしてしまうからです。そこで、「Excel行」に入っている数字の行に書き込むように、設定します。

変数「Excel行」は、最初に「1」を指定し、その後は「現在の数字＋1」になるようにします。

変数名 = 変数名 + 1

これは、変数に「今の変数の値に1を加えたもの」を代入するという意味です。その結果、変数の値が、1増えます。

▼プログラムで入力する内容

項目	左辺	右辺
最初の代入	Excel行	1
2つ目の代入	Excel行	Excel行+1

▼使用する変数

変数	内容
maildata	取り込んだメールの全データ。POP3メールメッセージの取得アクティビティ設定でCtrl＋Kキーを押して作成する
Excel行	Excelにデータを出力する際、1行ずつ書き出していくが、Excelの何行目に書き出すかを指定する際に使用。Excelアプリケーションスコープの中で［代入］アクティビティでCtrl＋Kキーを押して作成する

●プロジェクトを作る

それでは、受信したメールを判定し、Excelに書き込むプロジェクトを作ります。

まず事前準備として、新規に［10問い合わせメール自動まとめロボ］のプロジェクトを作成し、開いておきます。

▼プロジェクトの名前と保存場所

名前	場所	説明
［10問い合わせメール自動まとめロボ］	デフォルト値（C:¥Users¥ユーザー名¥Documents¥UiPath）	受信したメールからお問い合わせメールの情報をExcelにまとめる

❶ [POP3メッセージを取得] アクティビティをドラッグ＆ドロップする

[UI Automation] ➡ [アプリの連携] ➡ [メール] ➡
[POP3] ➡ [POP3メールメッセージを取得] アクティ
ビティをドラッグ＆ドロップします

❷ プロパティパネルに必要な情報を入力する

プロパティパネルの [出力] ➡ [メッセージ] に、変数
「maildata」を設定します。変数は入力欄をクリック
し、Ctrl + K キーを押して入力します

また、プロパティパネルのその他の項目に具体的に入力する情報は下記のようになります。

▼各項目の設定

項目	設定内容
[オプション] ➡ [メッセージを削除]	本練習ではチェックを入れない
[オプション] ➡ [上限数]	30
[その他] ➡ [プライベート]	チェックを入れない
[ホスト] ➡ [サーバー]	受信メールサーバーのアドレスを入れる プロバイダや社内の管理者から指定されたアドレスを「"」で囲って入力する
[ログオン] ➡ [パスワード]	メールサーバーにアクセスするためのパスワード。「"」で囲む
[ログオン] ➡ [メール]	メールサーバーにアクセスするためのアカウント。プロバイダやネットワーク管理者から指定されたものを入力する。「"」で囲む
[出力] ➡ [メッセージ]	メールボックスからメールデータを受け取った後のデータ格納先となる変数を指定する。Ctrl + K キーを押して変数設定モードにし、本書では「maildata」と名付けた変数を設定する

❸ ［Excelアプリケーションスコープ］アクティビティを設定する

❶ [UI Automation] ➡ [アプリの連携] ➡ [Excel] ➡ [処理] ➡ [Excelアプリケーションスコープ] アクティビティをドラッグ＆ドロップします

❷ [Excelアプリケーションスコープ] の入力欄に「"C:¥Users¥ユーザー名¥Desktop¥お問合せリスト.xlsx"」を入力します

❹ [代入] アクティビティを設定する

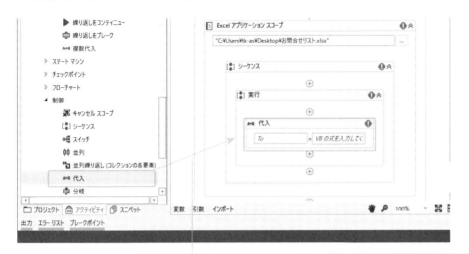

① [ワークフロー] ➡ [制御] ➡ [代入] アクティビティを
[実行] 内にドラッグ＆ドロップします

② 入力欄の左側で Ctrl + K キーを押し、
変数「Excel行」を設定します

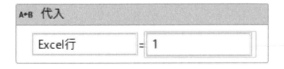

③ 入力欄の右側に「1」と入力します

⑤ [繰り返し（コレクションの各要素）] アクティビティをドラッグ＆ドロップする

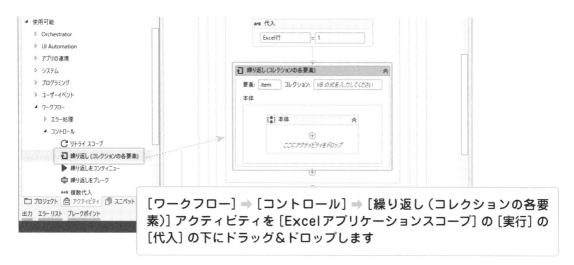

[ワークフロー] ➡ [コントロール] ➡ [繰り返し（コレクションの各要素）] アクティビティを [Excelアプリケーションスコープ] の [実行] の [代入] の下にドラッグ＆ドロップします

⑥ [繰り返し] の詳細を設定する

[繰り返し（コレクションの各要素）] アクティビティの [要素] に「item」、[コレクション] に先ほどの変数「maildata」を入力します

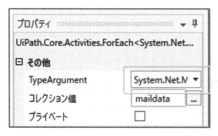

プロパティパネルの [その他] ➡ [TypeArgument] の右側の [▼] をクリックし、[System.Net.Mail. MailMessage] にします

　なお、リストにない時は [型の参照] をクリックし、[型の名前] に [System.Net.Mail.MailMessage] を入力してリストから選択して設定します。

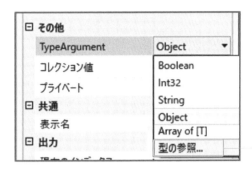

［型の参照］をクリックします

リストから［System.Net.Mail.
MailMessage］を選択します

⑦ ［条件分岐］アクティビティをドラッグ＆ドロップする

［ワークフロー］ → ［制御］ → ［条件分岐］アク
ティビティを［繰り返し（コレクションの各要
素）］の［本体］内にドラッグ＆ドロップします

⑧特定条件の場合だけ処理をする設定を行う

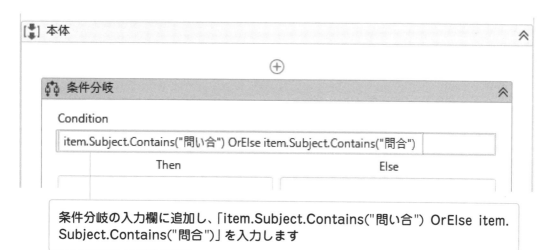

条件分岐の入力欄に追加し、「item.Subject.Contains("問い合") OrElse item.Subject.Contains("問合")」を入力します

⑨[セルに書き込み] アクティビティをドラッグ＆ドロップする

[アプリの連携] ➡ [Excel] ➡ [処理] ➡ [セルに書き込み] アクティビティを [条件分岐] の [Then] 枠内にドラッグ＆ドロップします

⑩セルの書き込む場所を設定する

[セルに書き込み] の右上の欄のセル位置の指定を「"A1"」から「"A"+Excel行」に変更します（これによりA列のExcel行目に対して書き込みが行われます）

⑪ A列にメール受信日時を出力する設定を行う

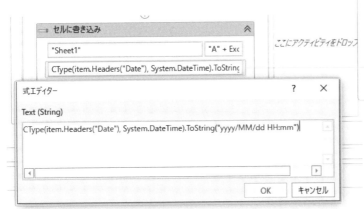

A列に「メールの受信日時」を出力させるため、[セルに書き込み] の下の欄に「CType(item.Headers("Date"), System.DateTime).ToString("yyyy/MM/dd HH:mm")」と入力します

欄が短く入力しづらい場合は、プロパティパネルの [入力] ➡ [値] の [...] から式エディターを起動し、その中に書いても同じです

▼各項目の設定 (A列)

項目	設定内容
シート (Sheet1)	"Sheet1"
セル (A1)	"A"+Excel行
数式	CType(item.Headers("Date"), System.DateTime).ToString("yyyy/MM/dd HH:mm")

⑫ B列に件名、C列に差出人を出力する設定を行う

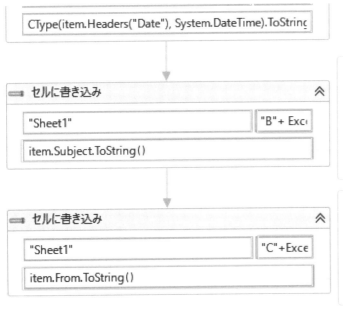

❶ B列のExcel行目に「件名」を出力させるため、手順⑩～⑪と同様に右上の欄に「"B"+Excel行」、下の欄に「item.Subject.ToString()」を入力します

❷ C列のExcel行目に「差出人」を出力させるため、右上の欄に「"C"+Excel行」、下の欄に「item.From.ToString()」を入力します

※ "yyyy/MM/dd HH:mm" 大文字、小文字はこの通りに入力してください。

▼各項目の設定（B列）

項目	設定内容
シート（Sheet1）	"Sheet1"
セル（A1）	"B"+Excel行
数式	item.Subject.ToString

▼各項目の設定（C列）

項目	設定内容
シート（Sheet1）	"Sheet1"
セル（A1）	"C"+Excel行
数式	item.From.ToString

⑬書き込み行を1つ移動する設定を行う

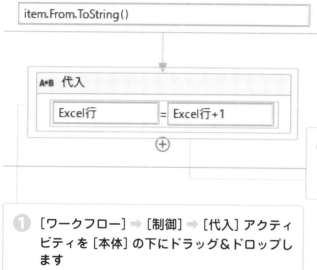

❷［代入］アクティビティの左辺に「Excel行」（変数として設定します）、右辺に「Excel行＋1」を入力します

❶［ワークフロー］➡［制御］➡［代入］アクティビティを［本体］の下にドラッグ＆ドロップします

　必要なデータを出力する処理は終わったので、次のメールに移る前にExcel行を1増やす処理をしています。これを行わないと、同じ行に上書きされ続けてしまうため、今のExcel行に1を加えたものを新しいExcel行とすることで、次の行に書き出すことができるようになります。

⑭ プロジェクトができる

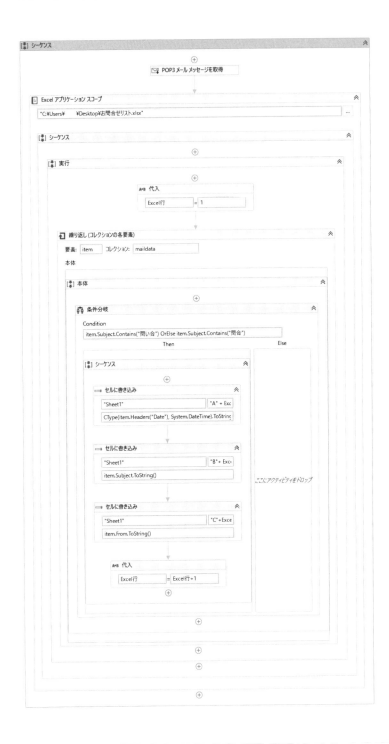

⑮ プロジェクトを保存して、実行する

❶ デザインリボンの［保存］をクリックし、
プロジェクトを保存します

❷ ［ファイルをデバッグ］➡［実行］
ボタンをクリックします

プロジェクトを保存して実行するとメールが受信され、件名に「問合」または「問い合」が含まれていれば、それがExcelに出力されます。

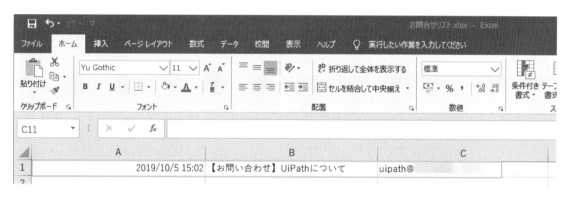

●Excelの見栄えを良くする

Excelの見栄えを良くするにはあらかじめフォーマットを設定したExcelを使用するのが一番簡単です。
例えば見出しをつけたい場合は、以下のように行います。

⑯ 見出しをつける

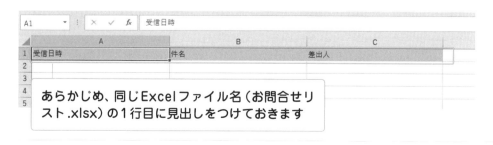

あらかじめ、同じExcelファイル名（お問合せリ
スト.xlsx）の1行目に見出しをつけておきます

⑰ 代入を調整する

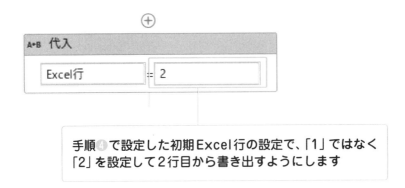

手順④で設定した初期Excel行の設定で、「1」ではなく
「2」を設定して2行目から書き出すようにします

⑱ プロジェクトを実行する

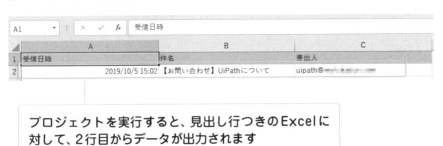

プロジェクトを実行すると、見出し行つきのExcelに
対して、2行目からデータが出力されます

Chapter 11

自動 DM 配信ロボット
を作ってみよう

自動DM配信ロボットの概要

だんだん自信がついてきました。もっと
やってみたいです

楽しくなってきた頃でしょうか。次は、自
動でメールを送信してみましょう！

今回は、送信を使ったロボットです。このプロジェクトも実際にメールを操作するので、特に送
信先のメールアドレスにはよく注意してください。

●自動DM配信ロボットの仕組み

この章では、自動でメールを配信するロボットを作ります。

Excelにまとめたメールアドレスの一覧から、1通ずつ自動的にメールを出すロボットです。このような
メールを送る時、メールの本文先頭には、「○○様」といった宛先が欲しいところですね。そこで、こちらも
Excelからメールの本文に自動的に組み込むようにします。

	A	B
1	メールアドレス	氏名
2	tyrannosaur@dinosauramail.coomm	茶良野みちる
3	triceratops@dinosauramail.coomm	鳥毛のぞむ
4	brachiosaurus@dinosauramail.coom	富木ねたろう
5		

見出し：プテラノ丼のお知らせ
差出人：ヴェロキラプトル食堂
宛先：
cc：

本文

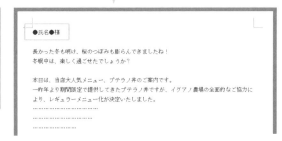

●氏名●様

長かった冬も明け、桜のつぼみも膨らんできましたね！
冬眠中は、楽しく過ごせたでしょうか？

本日は、当店大人気メニュー、プテラノ丼のご案内です。
一昨年より期間限定で提供してきたプテラノ丼ですが、イグアノ農場の全面的なご協力に
より、レギュラーメニュー化が決定いたしました。
………………………………
………………………………
………………………………

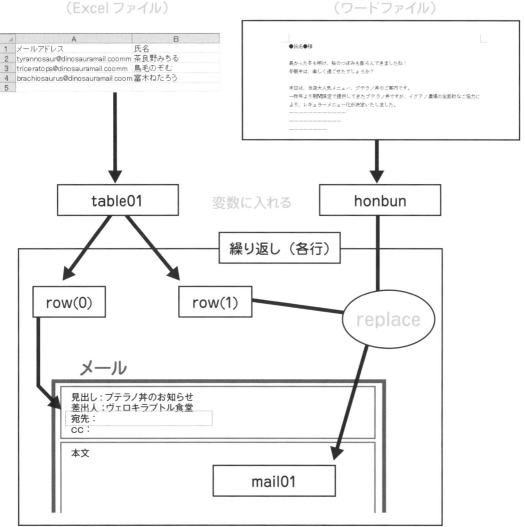

●Excel、Word、メーラーを連携させる

メール一覧.xlsxファイルからメールアドレスと名前を読み取り、それぞれWordファイルとメールに組み込みます。メールの操作と、Word・Excelの操作を組み合わせたプログラムです。

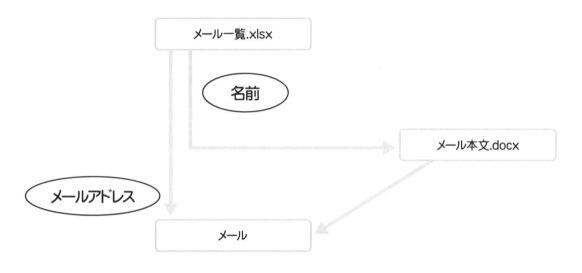

Excel、Word、メーラーを連携させる

作業の流れ

❶メール一覧から名前とメールアドレスを読み取る

メール一覧.xlsxから名前とメールアドレスを読み取ります。

❷メールの本文に名前を入れる

メール本文.docxに名前を記述します。

❸メールを送信する

メールアドレスとメール本文を使って、メールを送信します。

▼やりたいことと実際の動作

やりたいこと	実際の動作
宛先にメールアドレスを入れる	Excelから取り出した値を宛先に設定する
宛名入り本文を自動で作る	Excelから取り出した値をWordで作った本文に組み込み、内容をメールする
全員に自動で送る	繰り返し（各行）を使用したループ処理

●使用するアクティビティと機能

使用するアクティビティを探しづらい場合は、検索すると良いでしょう。また、少し難しいアクティビティを次に説明しておきます。

◉ 使用するアクティビティ（一覧）

［アプリの統合］➡［Word］➡［Wordアプリケーションスコープ］

［アプリの統合］➡［Word］➡［テキストを読み込む］

［アプリの統合］➡［Excel］➡［Excelアプリケーションスコープ］

［アプリの統合］➡［Excel］➡［範囲を読み込み］

［プログラミング］➡［データテーブル］➡［繰り返し］（各行）］

［ワークフロー］➡［制御］➡［代入］

［メール］➡［SMTP］➡［SMTPメッセージを送信］

◉ 変数のスコープ

Ctrl + K キーで変数を設定した後、スコープを変更します。

スコープとは、「使える範囲」です。つまり、そのままでは、実行アクティビティの中でしか変数を使えないので、シーケンス内すべてで使用できるように変更します。

スコープの変更は、デザイナーパネル下部にある変数タブをクリックして選択します。

◉ 代入アクティビティ

［ワークフロー］➡［制御］➡［代入］

代入では、左辺に変数を入れ、右辺に式を入れます。「honbun」という変数に格納したメール本文の内容に対し、宛名を置換してさらに「mail01」という変数に入れます。代入と、置換をいっぺんにやっているので、注意してください。

繰り返し（各行）アクティビティ

［プログラミング］ ⇒ ［データテーブル］ ⇒ ［繰り返し（各行）］

第2章で学んだループ処理とは、少し異なる処理です。コレクションに親となるデータを格納し、そこから要素を取り出します。例えば、今回であれば、全部のメール一覧データ（コレクション）の中から、1行ずつ（要素）を取り出します。

本体には、取り出した要素を使って行いたい処理を入れます。

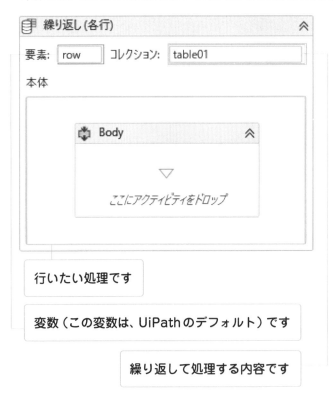

▼各項目の設定

項目	設定内容
コレクション	取り込んだ全データを指定する
要素	コレクションからループ処理で取り出された1行分のデータを指定する
本体	要素を使って行いたい処理を指定する

● SMTP メッセージを送信アクティビティ

［メール］➡［SMTP］➡［SMTP メッセージを送信］

SMTPプロトコルを使ってメールを送信するアクティビティです。プロパティパネルで送信に関する設定を行います。入力内容についての詳しい説明については、第6章を確認してください。

▼各項目の設定

項目	設定内容
［ホスト］➡［サーバー］	SMTPメールサーバーのアドレスを「"」で囲って入力する
［ホスト］➡［ポート］	SMTPメールサーバーのポート番号を指定する。多くの場合「25」もしくは「587」
［メール］➡［件名］	送信メールの件名。「"」で囲む
［メール］➡［本文］	送信メールの本文。「"」で囲む
［ログオン］➡［パスワード］	メールサーバーにアクセスするためのパスワード。「"」で囲む
［ログオン］➡［メール］	メールサーバーにアクセスするためのアカウント。「"」で囲む
［受信者］➡［宛先］	メールの宛先
［送信者］➡［名前］	送信者の名前。「"」で囲む（空欄も可）
［送信者］➡［送信元］	送信者のメールアドレス。「"」で囲む

●知っておきたい構文と概念

知っておきたい構文と概念をあげておきます。構文は、少し難しいかもしれませんが、その場合は読み飛ばしてしまってかまいません。

● 取り出す列の指定

アクティビティでは、要素として「row」を指定しています。この時、row(n)と書くと、左からn番目の列のデータを取り出すことができます。

ただ、1列目のデータは、「0」にあたるので、「1」の場合は、2列目のデータです。5番目のデータは「4」、6番目のデータは「5」……という具合に、列の数字から1を引いた数で指定します。

	A	B
1	メールアドレス	氏名
2	tyrannosaur@dinosauramail.coomm	茶良野みちる
3	triceratops@dinosauramail.coomm	鳥毛のぞむ
4	brachiosaurus@dinosauramail.coom	富木ねたろう
5		

A列は「row(0)」です　　　B列は「row(1)」です

宛名の置換

　メールの本文は、「honbun」という変数に格納した後、宛名を個別の宛先に置換し、「mail01」という変数に格納しています。

　置換する宛名は、メール一覧.xlsxの2列目（B列）にあります。2列目（B列）は、「row(1)」でしたね。

　また、本文の中の置換する元になるキーワードは、「●氏名●」としています。

　メール本文（honbun）内の「●氏名●」部分を、「row(1)」（宛名）に置換するには、「honbun.replace("●氏名●", row(1).toString())」と記述します。

```
honbun.replace("●氏名●", row(1).toString())
```

honbun.replace("●氏名●", row(1).toString())

変数に格納された　　置換　　置換元　　　　置換先
ベースになる内容

置換後　　mail01　　honbunの宛名部分がrow(1)に
　　　　　　　　　　　置き換わったものが格納される

宛名の置換

　第8章では、置換元のキーワードを［会社名］や［住所］のように［ ］でくくった形でしたが、今回は「●氏名●」のように、●で囲んでいます。これには深い意味はありません。うまく特定できれば、どのようなキーワードでも良い例として、違う形式にしています。

送信メールの設定

［SMTPメッセージを送信］のプロパティを設定します。

送信のプロパティに関する項目は、よくわからなければ、第6章に戻って確認してください。また、送信先には十分、注意しましょう。

▼各項目の設定

カテゴリー	項目	設定値
ホスト	サーバー	smtp.dinosaurmail.ne.jp など
	ポート番号	587など
ログオン	パスワード	******* など
	メール	tyrannosaur など

2 プログラムの準備

今までBCCで送っていたメールを一人ずつに送れるのですね？

そうです。顧客への印象もアップしますよ！

プログラムで使うファイルを用意しましょう。Excelから宛名を取り出し、同じ内容の本文を送信します。このプロジェクトを使えば、BCCで送信しなくても、一人ずつ宛名を入れて送信できます。

●アクティビティを確認する

プログラムを組む前に、プログラムで使うアクティビティを準備しましょう。使用するアクティビティパックを確認し、入っていない場合は、インストールしておきましょう。

▼確認するアクティビティパック

アクティビティパック	パック名
Word	UiPath.Word.Activities
Excel	UiPath.Excel.Activities
Mail	UiPath.Mail.Activities

●ファイルを確認する

学習用として下記のようなファイルを用意して練習してください。

❶メール本文.docx

メールの本文となるWordファイルを事前にデスクトップに作成しておきます。Wordファイル名は、「メール本文.docx」とします。メールの最初の行は、名前を差し込みます。その関係上、必ずWordファイルの内容は、最初の行を「●氏名●様」※としてください。●は「まる」で変換できます。

そのほかの文は、どのようなものでもかまいません。自由に書いてください。

※「●氏名●様」「●氏名●」を置換元とするので、変更したい場合は、アクティビティの設定も変更してください。

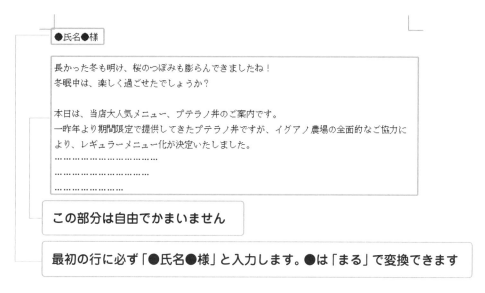

●氏名●様

長かった冬も明け、桜のつぼみも膨らんできましたね！
冬眠中は、楽しく過ごせたでしょうか？

本日は、当店大人気メニュー、プテラノ丼のご案内です。
一昨年より期間限定で提供してきたプテラノ丼ですが、イグアノ農場の全面的なご協力に
より、レギュラーメニュー化が決定いたしました。
……………………………………
……………………………………
………………………

この部分は自由でかまいません

最初の行に必ず「●氏名●様」と入力します。●は「まる」で変換できます

❷メール一覧.xlsx

　メールアドレスと名前の一覧となるExcelファイルを事前にデスクトップに作成しておきます。Excel
ファイル名は、「メール一覧.xlsx」とします。

　UiPathのデフォルトの設定では、A1やB1などの1行目はヘッダ行として読み込みません。そのため、実
際に使うデータは、2行目から記述してください※。

	A	B	C	D
1	メールアドレス	氏名		
2	tyrannosaur@dinosauramail.coom	茶良野みちる		
3	triceratops@dinosauramail.coom	鳥毛のぞむ		
4	brachiosaurus@dinosauramail.coom	富木ねたろう		
5				
6				
7				
8				

B列に氏名を記入します。B1はヘッダ行なので、送り先となる氏名は入れません

A列にメールアドレスを記入します。A1はヘッダ行なので、送り先となるメールアドレスアドレスは入れません

▼プログラムで使用するファイル

ファイル名	内容
❶メール本文.docx	メールの本文の元となるWordファイル
❷メール一覧.xlsx	メールアドレスと宛名の書いてあるExcelファイル

※**2行目から記述してください**　ヘッダ行とするかどうかの設定は、[範囲を読み込み]アクティビティのプロパティパネル
から設定できます。わかるようであれば、調整してもかまいません。

3 自動DM配信ロボットの作成

慣れてきたせいか、楽しくなってきました。

この章が終われば、アプリ操作編も卒業です。頑張りましたね！

今回のプロジェクトでは、変数の使い方がやや複雑です。どこにどの内容が入るのか、確認しながら進めていきましょう。この章が終われば、あなたも入門者は卒業です！

●プログラムの流れ

UiPathで組むプログラムの流れは、以下のようになります。

今回は、変数が多いので少しややこしいかもしれません。何を指定しているのか、見失わないようにしましょう。

Excelから情報を取得し、Wordとメールに組み込む手順

① メール本文.docxを読み込む。
② メール本文.docxの中身を変数「honbun」に入れる。
③ メール一覧.xlsxを読み込む。
④ メール一覧.xlsxのSheet1を読み込み、変数「table01」に入れる。
⑤ 「houbun」の「●氏名●様」を変数「table01」の「row(1)」に置換する。
⑥ 置換したものを変数「mail01」に入れる。
⑦ 送信メッセージを設定する。

プログラムのポイント

手順②と④で、それぞれ変数「honbun」、変数「table01」に入れたものを、手順⑥でさらに変数「mail01」に入れているのが、少しわかりづらいかもしれませんね。

UiPathでは、日本語の変数も使えますから、よくわからなくなりそうであれば、自分の好きな変数名に変えてしまってかまいません。その場合は、プログラムで随所に出てくる変数名をすべて調整することを忘れないようにしてください。

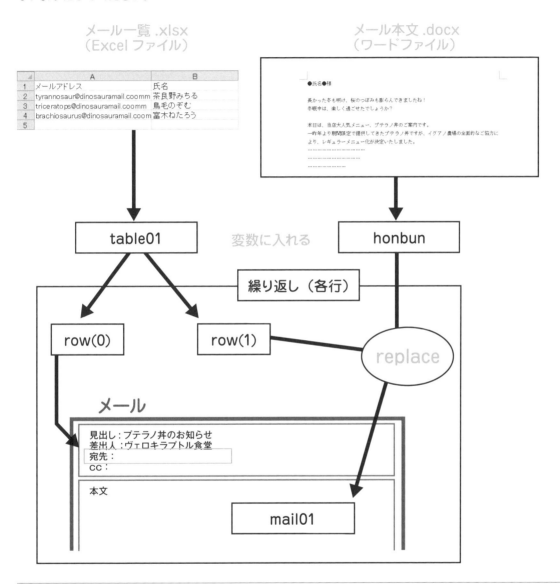

Excelから情報を取得し、Wordとメールに組み込む（再掲）

使用する変数

取得した作業内容は、扱いやすいように、変数に入れます。

変数「honbun」には、Wordで作成したメールの雛形、変数「tabel01」には、Excelで用意したすべての
メールアドレスと氏名が格納されます。

変数	内容
honbun	Wordで作成したメールの雛形を格納する変数
table01	Excelに記載されたすべてのメールアドレスと氏名
row(0)	A列に格納されたものを1つずつ取り出したもの
row(1)	B列に格納されたものを1つずつ取り出したもの
mail01	置換後のメール本文を格納する変数

●プロジェクトを作る

それでは、Excelから情報を取得し、Wordとメールに組み込むプロジェクトを作ります。

▼確認するアクティビティパック

アクティビティパック	パック名
Word	UiPath.Word.Activities
Excel	UiPath.Excel.Activities
Mail	UiPath.Mail.Activities

▼プログラムで使用するファイル

ファイル名	内容
❶メール本文.docx	メールの本文の元となるWordファイル
❷メール一覧.xlsx	メールアドレスと宛名の書いてあるExcelファイル

まず事前準備として、空のプロセスを作成し、編集画面を開いておきます。

▼プロジェクトの名前と保存場所

名前	場所	説明
[11 自動でDMを配信する]	デフォルト値 (C:¥Users¥ユーザー名¥Documents¥UiPath)	自動DM配信を行う

❶ [Wordアプリケーションスコープ] アクティビティを設定する

① [アプリの統合] ➡ [Word] ➡
[Wordアプリケーションス
コープ] アクティビティをデザ
イナーパネルにドラッグ＆ド
ロップします

② [ファイルのパス] 入力欄に、「メール本文.docx」
のパスとして「"C:¥Users¥ユーザー名
¥Desktop¥メール本文.docx"」を入力します
（「"」を忘れないでください）

❷ [テキストを読み込む] アクティビティを設定する

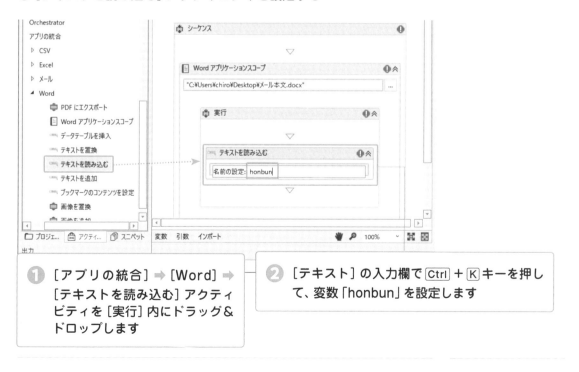

① [アプリの統合] ➡ [Word] ➡
[テキストを読み込む] アクティ
ビティを [実行] 内にドラッグ＆
ドロップします

② [テキスト] の入力欄で Ctrl + K キーを押し
て、変数「honbun」を設定します

❸変数のスコープを変更する

デザイナーパネル下部にある変数タブをクリックし、変数のスコープをシーケンスに変更します

❹[Excelアプリケーションスコープ] アクティビティを設定する

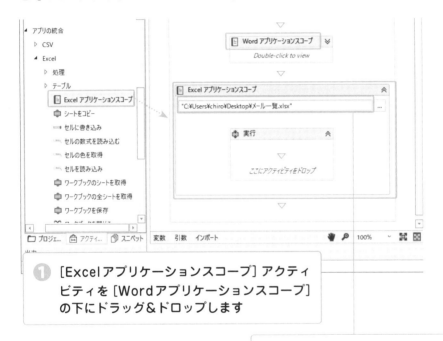

❶ [Excelアプリケーションスコープ] アクティビティを [Wordアプリケーションスコープ] の下にドラッグ＆ドロップします

❷ [ワークブックのパス] の入力欄に、「メール一覧.xlsx」のパスとして「"C:¥Users¥ユーザー名¥Desktop¥メール一覧.xlsx"」を入力します (「"」を忘れないでください)

❺［範囲を読み込み］アクティビティを設定する

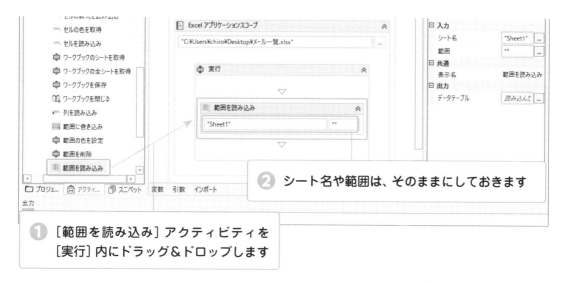

❷ シート名や範囲は、そのままにしておきます

❶ ［範囲を読み込み］アクティビティを
［実行］内にドラッグ＆ドロップします

❻変数「tabel01」を設定する

［範囲を読み込み］をクリックした後、
プロパティパネルの［データテーブル］
で Ctrl ＋ K キーを押して、変数
「tabel01」を設定します

❼ [繰り返し（各行）] アクティビティを設定する

① [プログラミング] ➡ [データテーブル] ➡ [繰り返し（各行）] アクティビティを [範囲を読み込み] の下にドラッグ＆ドロップします

② [要素] は「row」のまま、[コレクション] は「table01」と入力します

❽ [代入] アクティビティを設定する

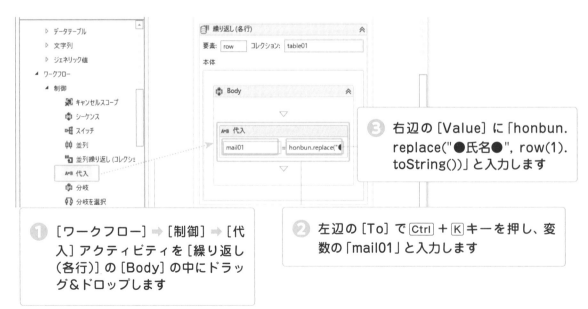

③ 右辺の [Value] に「honbun. replace("●氏名●", row(1). toString())」と入力します

① [ワークフロー] ➡ [制御] ➡ [代入] アクティビティを [繰り返し（各行）] の [Body] の中にドラッグ＆ドロップします

② 左辺の [To] で Ctrl ＋ K キーを押し、変数の「mail01」と入力します

296

⑨［SMTPメッセージを送信］アクティビティを設定する

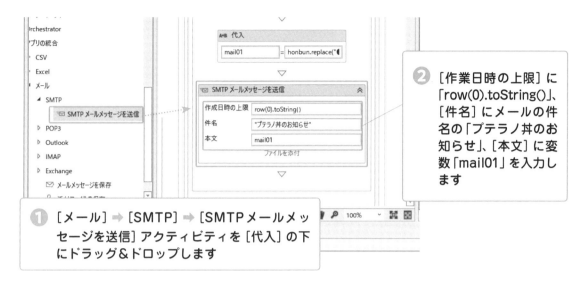

② ［作業日時の上限］に「row(0).toString()」、［件名］にメールの件名の「プテラノ丼のお知らせ」、［本文］に変数「mail01」を入力します

① ［メール］➡［SMTP］➡［SMTPメールメッセージを送信］アクティビティを［代入］の下にドラッグ＆ドロップします

⑩［SMTPメッセージを送信］のプロパティを設定する

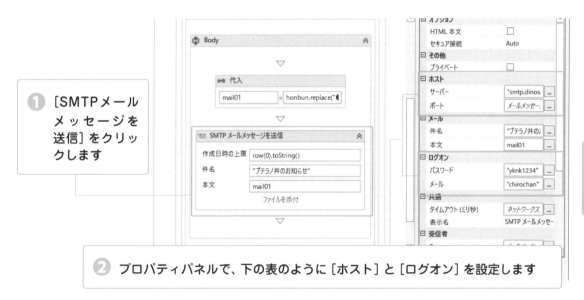

① ［SMTPメールメッセージを送信］をクリックします

② プロパティパネルで、下の表のように［ホスト］と［ログオン］を設定します

▼各項目の設定

大分類	項目	設定値
ホスト	サーバー	smtp.dinosaurmail.ne.jp など
	ポート番号	587など
ログオン	パスワード	******* など
	メール	tyrannosaur など

⑪プロジェクトができる

```
シーケンス

    Word アプリケーションスコープ
    "C:¥Users¥chiro¥Desktop¥メール本文.docx"         ...

        実行

            テキストを読み込む
            honbun


    Excel アプリケーションスコープ
    "C:¥Users¥chiro¥Desktop¥メール一覧.xlsx"          ...

        実行

            範囲を読み込み
            "Sheet1"                          ..

            繰り返し (各行)
            要素:  row    コレクション:  table01
            本体

                Body

                    代入
                    mail01  =  honbun.replace("

                    SMTP メールメッセージを送信
                    作成日時の上限  row(0).toString
                    件名          "プテラノ丼のお知らせ"
                    本文          mail01
                              ファイルを添付
```

概要

- ▲ Main
  - ▲ シーケンス
    - ▲ Word アプリケーションスコープ
      - ▲ Body
        - ▲ 実行
          - テキストを読み込む
    - ▲ Excel アプリケーションスコープ
      - ▲ Body
        - ▲ 実行
          - 範囲を読み込み
          - ▲ 繰り返し (各行)
            - ▲ Body
              - ▲ Body
                - 代入
                - SMTP メールメッセージを送信

> エラーが表示されていないこと (58ページ) を確認したら、プロジェクトの完成なので、もう一度ワークフローを見直します

⑫ **プロジェクトを保存して、実行する**

① デザインリボンの［保存］をクリックし、
プロジェクトを保存します

② ［ファイルをデバッグ］ → ［実行］
ボタンをクリックします

プロジェクトができたら、実行してみましょう。無事にメールできたでしょうか。

メールの操作ができました。
これで僕もモテモテに
なれそうです！

モテモテはともかくとして、RPAで大
事なのは、ツールを使うことではなく、
事務作業などを改革することです。
ぜひ、この知識を活かして仕事に活
用してくださいね

Chapter
11

Column　うまくいかない時は⑦

　メールが送信できない時は、ホストやログオンの設定を再確認しましょう。もし正しいなら、それら
の情報を使って、メールソフトでは正しく送信できることを確認しましょう。迷惑メールの問題もあ
り、社内のメールアドレスを使って自宅などからメールを送信することは、そもそもできないように設
定されていることもあるためです。

　またプロバイダによっては、数百、数千のメールを一度に送信すると、拒否されることもあります。
まずは、数件で動作テストしてみてください。

Index

索引

●サンプルプログラムの使い方

サポートサイトからダウンロードできるファイルには、本書で紹介したサンプルプログラムを収録しています。

サンプルプログラムのダウンロードと実行

❶サンプルプログラムをダウンロードして解凍する

本文10ページの手順に従い、サンプルプログラム（UiPath_Aplli_Sample.zip）をダウンロードし、解凍します。

❷サンプルプログラムを移動して、UiPath Studioで開く

解凍したサンプルプログラムを「C:¥Users¥（ユーザー名）¥Documents¥UiPath」フォルダーに移動した後、UiPath Studioのスタートリボンの［開く］をクリックし、該当のプログラムを指定します。

❸開くファイルを選ぶ

フォルダーの中の「project.json」を選択し、［開く］ボタンをクリックすると、サンプルプログラムがUiPath Studioに読み込まれます。

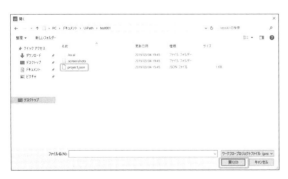

実行上の注意

実行するサンプルプログラムによっては、Microsoft ExcelやWordなど、その他のアプリケーションが必要になります。これらのアプリケーションについては、各自でご用意ください。

● 著者紹介

小笠原 種高（おがさわら しげたか）

テクニカルライター、イラストレーター。

システム開発のかたわら、雑誌や書籍などで、データベースやサーバー、マネジメントについて執筆。図を多く用いたやさしい解説に定評がある。綿入れ半纏愛好家。最近は、タマカイと豹が気になる。

・Webサイト モウフカブール　http://www.mofukabur.com

・主な著書

『RPAツールで業務改善！UiPath入門 基本編』（秀和システム）、『図解即戦力 Amazon Web Servicesのしくみと技術がこれ1冊でしっかりわかる教科書』（技術評論社）、『MariaDBガイドブック』（工学社）、『なぜ？がわかるデータベース』（翔泳社）

ほか多数

浅居 尚（あさい しょう）

静岡大学大学院理工学研究科修士卒。システムエンジニア。情報処理技術者（情報セキュリティスペシャリスト、ネットワークスペシャリスト）。

主に企業のプロジェクトに参加して、サーバー構築・運用に従事する。最近では電子証明書を使用したセキュリティシステムの運用業務に従事しつつ、仮想コンテナ技術であるDockerに取り組んでいる。

・主な著書

『Arduino Groveではじめるカンタン電子工作』『自宅ではじめるDocker入門』（ともに工学社）

●special thanks

プラントイジャパン株式会社

https://plantoysjapan.co.jp/

※本書の内容につきまして、プラントイジャパン株式会社にお問い合わせいただくことは、御遠慮ください。

◎ 執筆協力　　大澤 文孝、いもの いもこ、大澤フランソワ
◎ 本文イラスト　小笠原 種高
◎ カバーデザイン 成田 英夫（1839DESIGN）

RPAツールで業務改善！
UiPath入門 アプリ操作編

発行日	2020年　3月　3日	第1版第1刷

著　者　小笠原 種高／浅居 尚
監　修　UiPath株式会社

発行者　斉藤　和邦
発行所　株式会社　秀和システム
　　　　〒135-0016
　　　　東京都江東区東陽2-4-2　新宮ビル2F
　　　　Tel 03-6264-3105（販売）　　Fax 03-6264-3094
印刷所　図書印刷株式会社　　　　　　Printed in Japan

ISBN978-4-7980-5941-9 C3055